建筑安装工程允许偏差
速查手册

（第二版）

侯君伟　编

中国建筑工业出版社

图书在版编目（CIP）数据

建筑安装工程允许偏差速查手册/侯君伟编．—2
版．—北京：中国建筑工业出版社，2014.11
ISBN 978-7-112-17242-9

Ⅰ．①建…　Ⅱ．①侯…　Ⅲ．①建筑安装—偏差
（数学）—手册　Ⅳ．①TU758-62

中国版本图书馆 CIP 数据核字（2014）第 208226 号

建筑安装工程允许偏差速查手册
（第二版）
侯君伟　编

*

中国建筑工业出版社出版、发行（北京西郊百万庄）
各地新华书店、建筑书店经销
北京永峥印刷有限公司制版
北京富生印刷厂印刷

*

开本：889×1194 毫米　1/64　印张：4¾　字数：145 千字
2014 年 11 月第二版　2014 年 11 月第十次印刷
定价：**15.00** 元
ISBN 978-7-112-17242-9
（26020）

本书在第一版的基础上进行了修订和补充。以最新的相关标准规范为依据，汇集了建筑、安装工程中各分项工程的施工允许偏差、检查数量及检验方法，便于广大建筑安装工程技术、质检和监理人员快速查找。

* * *

责任编辑：周世明

责任设计：李志立

责任校对：陈晶晶　刘梦然

前　　言

　　《建筑安装工程允许偏差速查手册》第二版是在第一版基础上进行了修订和补充。第二版引用了国家和行业标准共 29 项，比第一版的 16 项增加了 13 项。其中有 9 项因无新标准外，其他 20 项均采用了 2001～2002 年以后的新标准，实用性更全面。

　　第二版还补充了近 20 年来在建筑安装工程施工中采用的新材料、新结构、新技术，如清水混凝土模板技术、钢筋间隔件的应用技术、钢管混凝土技术等。可供广大建筑安装工程施工技术人员和管理人员查用。

目　录

1 建筑地基基础工程 …………………………………………… 1

1.1 地　基 …………………………………………………… 1

1.2 桩基础 ……………………………………………………… 10

1.3 土方工程 ………………………………………………… 25

1.4 基坑工程 ………………………………………………… 27

2 砌体工程 …………………………………………………… 36

2.1 测量放线 ………………………………………………… 36

2.2 砖砌体工程 ……………………………………………… 36

2.3 混凝土小型空心砌块砌体工程 ………………………… 38

2.4 石砌体工程 ……………………………………………… 38

2.5 配筋砌体工程 …………………………………………… 40

2.6 填充墙砌体工程 ………………………………………… 42

3 混凝土结构工程 …………………………………………… 44

3.1 模板工程 ………………………………………………… 44

3.2 钢筋工程 ………………………………………………… 55

3.2.1 钢筋加工 …………………………………………… 55

3.2.2　钢筋焊接·························· 57

3.2.3　钢筋安装·························· 59

3.3　预应力工程·························· 64

3.3.1　制作与安装······················ 64

3.3.2　张拉与放张······················ 65

3.4　混凝土工程·························· 66

3.4.1　原材料称量······················ 66

3.4.2　现浇混凝土结构·················· 67

3.4.3　装配式结构······················ 70

3.4.4　清水混凝土······················ 71

3.4.5　钢管混凝土工程·················· 74

4　钢结构工程 ···························· 85

4.1　钢零件及钢部件加工工程·········· 85

4.1.1　切　割·························· 85

4.1.2　矫正和成型······················ 86

4.1.3　边缘加工························· 87

4.1.4　管、球加工······················ 88

4.1.5　制　孔·························· 90

4.1.6　焊　接·························· 92

4.2　钢构件组装工程……………………………… 93

4.2.1　焊接 H 型钢 ……………………………… 93

4.2.2　组　装 …………………………………… 95

4.2.3　端部铣平及安装焊缝坡口 ……………… 97

4.2.4　钢构件外形尺寸 ………………………… 99

4.3　钢构件预拼装工程 …………………………… 111

4.4　单层钢结构安装工程 ………………………… 113

4.4.1　基础与支承面 …………………………… 113

4.4.2　安装和校正 ……………………………… 115

4.5　多层及高层钢结构安装工程 ………………… 125

4.5.1　基础和支承面 …………………………… 125

4.5.2　安装和校正 ……………………………… 127

4.6　钢网架结构安装工程 ………………………… 133

4.6.1　支承面顶板和支承垫块 ………………… 133

4.6.2　总拼与安装 ……………………………… 134

4.7　压型金属板工程 ……………………………… 136

4.7.1　压型金属板制作 ………………………… 136

4.7.2　压型金属板安装 ………………………… 137

5　木结构 ································· 139

5.1　方木与原木结构 ················· 139

5.2　胶合木结构 ····················· 142

5.3　轻型木结构 ····················· 144

6　建筑装饰装修工程 ··················· 150

6.1　抹灰工程 ······················· 150

6.1.1　一般抹灰工程 ············· 150

6.1.2　装饰抹灰工程 ············· 150

6.2　门窗工程 ······················· 152

6.2.1　木门窗制作与安装工程 ····· 152

6.2.2　金属门窗安装工程 ········· 155

6.2.3　塑料门窗安装工程 ········· 157

6.2.4　特种门安装工程 ··········· 158

6.3　吊顶工程 ······················· 160

6.3.1　暗龙骨吊顶工程 ··········· 160

6.3.2　明龙骨吊顶工程 ··········· 161

6.4　轻质隔墙工程 ··················· 162

6.4.1　板材隔墙工程 ············· 162

6.4.2　骨架隔墙工程 ············· 163

6.4.3　活动隔墙工程 …………………… 164

6.4.4　玻璃隔墙工程 …………………… 165

6.5　饰面板（砖）工程 ………………… 166

6.5.1　饰面板安装工程 …………………… 166

6.5.2　饰面砖粘贴工程 …………………… 167

6.6　幕墙工程 …………………………… 168

6.6.1　玻璃幕墙工程 ……………………… 168

6.6.2　金属幕墙工程 ……………………… 171

6.6.3　石材幕墙工程 ……………………… 172

6.7　涂饰工程 …………………………… 174

6.8　裱糊与软包工程 …………………… 174

6.9　细部工程 …………………………… 175

6.9.1　橱柜制作与安装工程 ……………… 175

6.9.2　窗帘盒、窗台板和散热器罩制作
　　　　与安装工程 ……………………… 176

6.9.3　门窗套制作与安装工程 …………… 176

6.9.4　护栏和扶手制作与安装工程 ……… 177

6.9.5　花饰制作与安装工程 ……………… 178

7　建筑地面工程 ……………………………… 179

7.1　基本规定 ………………………………… 179

7.2　基层铺设 ………………………………… 180

7.3　整体面层铺设 …………………………… 180

7.4　板块面层铺设 …………………………… 183

7.5　木、竹面层铺设 ………………………… 185

8　屋面工程 …………………………………… 187

8.1　基本规定 ………………………………… 187

8.2　基层与保护工程 ………………………… 187

8.2.1　找坡层和找平层 …………………… 187

8.2.2　保护层 ……………………………… 188

8.3　保温与隔热层 …………………………… 188

8.3.1　板状材料保温层 …………………… 189

8.3.2　喷涂硬泡聚氨酯保温层 …………… 189

8.3.3　现浇泡沫混凝土保温层 …………… 189

8.3.4　种植隔热层 ………………………… 189

8.3.5　架空隔热层 ………………………… 190

8.3.6　蓄水隔热层 ………………………… 190

8.4　防水与密封工程 ………………………… 190

8.4.1 卷材防水层 …………………… 191

8.4.2 涂膜防水层 …………………… 191

8.4.3 接缝密封防水 ………………… 191

8.5 瓦面与板面工程 ………………… 192

8.5.1 烧结瓦和混凝土瓦铺装 ……… 192

8.5.2 沥青瓦铺装 …………………… 193

8.5.3 金属板铺装 …………………… 193

8.5.4 玻璃采光顶铺装 ……………… 195

9 地下防水工程 …………………………… 198

9.1 主体结构防水工程 ……………… 198

9.1.1 防水混凝土 …………………… 198

9.1.2 水泥砂浆防水层 ……………… 200

9.1.3 卷材防水层 …………………… 200

9.1.4 涂料防水层 …………………… 202

9.1.5 塑料防水板防水层 …………… 203

9.1.6 膨润土防水材料 ……………… 204

9.2 特殊施工法结构防水工程 ……… 205

9.2.1 锚喷支护 ……………………… 205

9.2.2 地下连续墙 …………………… 206

9.2.3　盾构隧道 …………………………… 206

10　建筑防腐蚀工程 ………………………… 207

10.1　基层处理 ……………………………… 207

10.1.1　一般规定 ……………………… 207

10.1.2　混凝土基层 …………………… 208

10.2　块材防腐蚀工程 ……………………… 208

10.3　水玻璃类防腐蚀工程 ………………… 209

10.4　树脂类防腐蚀工程 …………………… 210

10.5　沥青类防腐蚀工程 …………………… 211

10.6　聚合物水泥砂浆防腐蚀工程 ………… 211

11　建筑给水排水及采暖工程 ……………… 212

11.1　室内给水系统安装 …………………… 212

11.1.1　给水管道及配件安装 ………… 212

11.1.2　室内消火栓系统安装 ………… 213

11.1.3　给水设备安装 ………………… 213

11.2　室内排水系统安装 …………………… 214

11.2.1　排水管道及配件安装 ………… 214

11.2.2　雨水管道及配件安装 ………… 214

11.3　室内热水供应系统安装 ……………… 216

11.3.1　管道及配件安装 ················· 216

11.3.2　辅助设备安装 ··················· 217

11.4　卫生器具安装 ······················ 217

11.4.1　卫生器具安装 ··················· 218

11.4.2　卫生器具给水配件安装 ··········· 218

11.4.3　卫生器具排水管道安装 ··········· 218

11.5　室内采暖系统安装 ·················· 219

11.5.1　管道及配件安装 ················· 220

11.5.2　辅助设备及散热器安装 ··········· 221

11.6　室外给水管网安装 ·················· 222

11.6.1　给水管道安装 ··················· 222

11.6.2　消防水泵接合器及室外消火栓

　　　　安装 ························· 223

11.7　室外排水管网安装 ·················· 223

11.7.1　排水管道安装 ··················· 223

11.7.2　排水管沟及井池 ················· 224

11.8　室外供热管网安装 ·················· 224

11.9　供热锅炉及辅助设备安装 ············ 226

11.9.1　锅炉安装 ······················ 226

11.9.2　辅助设备及管道安装…………… 230

11.9.3　换热站安装………………………… 232

12　通风与空调工程 ……………………… 233

12.1　风管制作……………………………… 233

12.1.1　金属风管…………………………… 233

12.1.2　硬聚氯乙烯管……………………… 233

12.1.3　玻璃钢风管………………………… 234

12.1.4　双面铝箔绝热板风管……………… 234

12.2　风管部件与消声器制作……………… 235

12.3　风管系统安装………………………… 236

12.3.1　风管安装…………………………… 236

12.3.2　风口安装…………………………… 237

12.4　通风与空调设备安装………………… 237

12.4.1　通风机安装………………………… 237

12.4.2　除尘设备安装……………………… 237

12.4.3　洁净室安装………………………… 239

12.4.4　空气风幕机安装…………………… 240

12.5　空调制冷系统安装…………………… 240

12.6　空调水系统管道与设备安装………… 241

12.6.1　管道安装…………………………241

12.6.2　水泵及附属设备安装…………243

12.6.3　水箱、集水器、分水器、

　　　　储冷罐等安装………………243

12.7　防腐与绝热…………………………244

12.8　系统调试……………………………244

13　建筑电气工程…………………………246

13.1　架空线路及杆上电气设备安装………246

13.2　成套配电柜、控制柜（屏、台）和

　　　动力、照明配电箱（盘）安装………246

13.3　不间断电源安装……………………248

13.4　电缆桥架安装和桥架内电缆敷设………248

13.5　电缆沟内和电缆竖井内电缆敷设………249

14　电梯工程………………………………251

14.1　电力驱动的曳引式或强制式电

　　　梯安装工程………………………251

14.1.1　土建交接检验…………………251

14.1.2　导　轨…………………………252

14.1.3　门系统…………………………252

14.1.4　安全部件 ·················· 252

14.1.5　悬挂装置、随行电缆、补偿

装置 ····················· 253

14.2　液压电梯安装工程 ·············· 253

14.3　自动扶梯、自动人行道安装工程 ··· 253

14.3.1　土建交接检验 ············· 253

14.3.2　整机安装验收 ············· 254

15　建筑施工测量 ····················· 255

15.1　工业与民用建筑施工测量 ········ 255

15.2　高层建筑混凝土结构施工测量 ····· 259

16　脚手架工程 ······················· 263

16.1　建筑施工竹脚手架工程 ·········· 263

16.2　建筑施工扣件式钢管脚手架工程 ··· 266

16.3　建筑施工碗扣式钢管脚手架工程 ··· 272

16.4　建筑施工门式钢管脚手架工程 ····· 277

16.5　建筑施工承插型盘扣式钢管支架 ··· 279

参考资料 ····························· 282

1 建筑地基基础工程

1.1 地　　基

1. 灰土地基

灰土地基的允许偏差和检验方法应符合表 1-1 的规定。

检查数量：随意抽查。

灰土地基允许偏差和检验方法　　　表 1-1

项次	项　　　目	允许偏差	检验方法
1	石灰粒径	≤5mm	筛分法
2	土料有机质含量	≤5%	试验室焙烧法
3	土颗粒粒径	≤15mm	筛分法
4	含水量（与要求的最优含水量比较）	±2%	烘干法
5	分层厚度（与设计要求比较）	±50mm	水准仪

2. 砂及砂石地基

砂及砂石地基允许偏差和检验方法应符合表 1-2 的规定。

检查数量：随意抽查。

砂及砂石地基允许偏差和

检验方法 表1-2

项次	项 目	允许偏差	检验方法
1	砂石料有机质含量	≤5%	焙烧法
2	砂石料含泥量	≤5%	水洗法
3	石料粒径	≤100mm	筛分法
4	含水量（与最优含水量比较）	±2%	烘干法
5	分层厚度（与设计要求比较）	±50mm	水准仪

3. 土工合成材料地基

土工合成材料地基允许偏差和检验方法应符合表1-3的规定。

检查数量：随意抽查。

土工合成材料地基允许

偏差和检验方法 表1-3

项次	项 目	允许偏差	检 验 方 法
1	土工合成材料强度	≤5%	置于夹具上做拉伸试验（结果与设计标准相比）
2	土工合成材料延伸率	≤3%	置于夹具上做拉伸试验（结果与设计标准相比）
3	土工合成材料搭接长度	≥300mm	用钢尺量

续表

项次	项 目	允许偏差	检 验 方 法
4	土石料有机质含量	≤5%	焙烧法
5	层面平整度	≤20mm	用2m靠尺
6	每层铺设厚度	±25mm	水准仪

4. 粉煤灰地基

粉煤灰地基允许偏差和检验方法应符合表1-4的规定。

检查数量：随意抽查。

粉煤灰地基允许偏差和检验方法   表1-4

项次	项 目	允许偏差	检验方法
1	粉煤灰粒径	0.001~2.0mm	过筛
2	氧化铝及二氧化硅含量	≥70%	试验室化学分析
3	烧失量	≤12%	试验室烧结法
4	每层铺筑厚度	±50mm	水准仪
5	含水量（与最优含水量比较）	±2%	取样后试验室确定

5. 强夯地基

强夯地基的允许偏差和检验方法应符合表1-5的规定。

检查数量：随意抽查。

强夯地基允许偏差和检验方法　　表 1-5

项次	项　目	允许偏差	检验方法
1	夯锤落距	±300mm	钢索设标志
2	锤重	±100kg	称重
3	夯点间距	±500mm	用钢尺量

6. 注浆地基

注浆地基的允许偏差和检验方法应符合表 1-6 的规定。

检查数量：随意抽查。

注浆地基允许偏差和检验方法　　表 1-6

项次	项　目	允许偏差	检验方法
1	各种注浆材料称量误差	<3%	抽查
2	注浆孔位	±20mm	用钢尺量
3	注浆孔深	±100mm	量测注浆管长度
4	注浆压力（与设计参数比）	±10%	检查压力表读数

7. 预压地基

预压地基的允许偏差和检验方法应符合表 1-7 的规定。

检查数量：随意抽查。

预压地基允许偏差和检验方法　　表1-7

项次	项　　目	允许偏差	检验方法
1	预压载荷	≤2%	水准仪
2	固结度（与设计要求比）	≤2%	根据设计要求采用不同方法
3	沉降速率（与控制值比）	±10%	水准仪
4	砂井或塑料排水带位置	±100mm	用钢尺量
5	砂井或塑料排水带插入深度	±200mm	插入时用经纬仪检查
6	插入塑料排水带时的回带长度	≤500mm	用钢尺量
7	塑料排水带或砂井高出砂垫层距离	≥200mm	用钢尺量
8	插入塑料排水带的回带根数	<5%	目测

注：如真空预压，预压载荷的检查为真空度降低值<2%。

8. 振冲地基

振冲地基的允许偏差和检验方法应符合表1-8的规定。

检查数量：至少应抽查20%。

振冲地基允许偏差和检验方法　　表1-8

项次	项　　目	允许偏差	检验方法
1	填料含泥量	<5%	抽样检查
2	振冲器喷水中心与孔径中心偏差	≤50mm	用钢尺量

续表

项次	项　目	允许偏差	检验方法
3	成孔中心与设计孔位中心偏差	≤100mm	用钢尺量
4	桩体直径	<50mm	用钢尺量
5	孔深	±200mm	量钻杆或重锤测

9. 高压喷射注浆地基

高压喷射注浆地基的允许偏差和检验方法应符合表1-9的规定。

检查数量：至少抽查20%。

高压喷射注浆地基允许偏差和
检验方法　　　　　表1-9

项次	项　目	允许偏差	检验方法
1	钻孔位置	≤50mm	用钢尺量
2	钻孔垂直度	≤1.5%	经纬仪测钻杆或实测
3	孔深	±200mm	用钢尺量
4	注浆压力	按设定参数指标	查看压力表
5	桩体搭接	>200mm	用钢尺量
6	桩体直径	≤50mm	开挖后用钢尺量
7	桩身中心允许偏差	≤0.2D	开挖后桩顶下500mm处用钢尺量

注：D 为桩直径（mm）。

10. 水泥土搅拌桩地基

水泥土搅拌桩地基允许偏差和检验方法应符合表1-10的规定。

检查数量：至少应抽查20%。

水泥土搅拌桩地基允许偏差和检验方法　　表1-10

项次	项　　目	允许偏差	检验方法
1	机头提升速度	≤0.5m/min	量机头上升距离及时间
2	桩底标高	±200mm	测机头深度
3	桩顶标高	+100mm −50mm	水准仪（最上部500mm不计入）
4	桩位偏差	<50mm	用钢尺量
5	桩径	<0.04D	用钢尺量
6	垂直度	≤1.5%	经纬仪
7	搭接	>200mm	用钢尺量

注：D 为桩直径（mm）。

11. 土和灰土挤密桩地基

土和灰土挤密桩地基允许偏差和检验方法应符合表1-11的规定。

检查数量：至少应抽查20%。

土和灰土挤密桩地基允许偏差和
检验方法　　　　　　表 1-11

项次	项　　目		允许偏差	检验方法
1	桩长		+500mm	测桩管长或垂球测孔深
2	桩径		−20mm	用钢尺量
3	土料有机质含量		≤5%	试验室焙烧法
4	石灰粒径		≤5mm	筛分法
5	桩位偏差	满堂布桩	≤0.40D	用钢尺量
		条基布桩	≤0.25D	
6	垂直度		≤1.5%	用经纬仪测桩管

注：D 为桩径，桩径允许偏差值是指个别断面。

12. 水泥粉煤灰碎石桩地基

水泥粉煤灰碎石桩地基的允许偏差和检验方法应符合表 1-12 的规定。

检查数量：至少应抽查 20%。

水泥粉煤灰碎石地基允许偏差和
检验方法　　　　　　表 1-12

项次	项　　目		允许偏差	检验方法
1	桩径		−20mm	用钢尺量或计算填料量
2	桩位偏差	满堂布桩	≤0.40D	用钢尺量
		条基布桩	≤0.25D	

续表

项次	项　目	允许偏差	检验方法
3	桩垂直度	≤1.5%	用经纬仪测桩管
4	桩长	+100mm	测桩管长或垂球测孔深
5	褥垫层夯填度	≤0.9	用钢尺量

注：D 为桩直径（mm）。桩径允许偏差是指个别断面。

13. 夯实水泥土桩地基

夯实水泥土桩地基的允许偏差和检验方法应符合表 1-13 的规定。

检查数量：至少应抽查 20%。

夯实水泥土桩地基允许偏差和检验方法　　　　表 1-13

项次	项　目		允许偏差	检验方法
1	桩径		−20mm	用钢尺量
2	桩长		+500mm	测桩孔深度
3	土料有机质含量		≤5%	焙烧法
4	含水量（与最优含水量比）		±2%	烘干法
5	土料粒径		≤20mm	筛分法
6	桩位偏差	满堂布桩	≤0.40D	用钢尺量（D 为桩径）
		条基布桩	≤0.25D	
7	桩孔垂直度		≤1.5%	用经纬仪测桩管
8	褥垫层夯填度		≤0.9	用钢尺量

14. 砂桩地基

砂桩地基的允许偏差和检验方法应符合表 1 - 14 的规定。

检查数量：随意抽查。

砂桩地基允许偏差和检验方法　表 1 - 14

项次	项目	允许偏差	检验方法
1	灌砂量	≥95%	实际用砂量与计算体积比
2	砂料含泥量	≤3%	试验室测定
3	砂料有机质含量	≤5%	焙烧法
4	桩位	≤50mm	用钢尺量
5	砂桩标高	±150mm	水准仪
6	垂直度	≤1.5%	经纬仪检查桩管垂直度

1.2　桩基础

1. 桩位偏差

（1）桩位的放样允许偏差：群桩：20mm；单排桩 10mm。

打（压）入桩（预制混凝土方桩、先张法预应力管桩、钢桩)的桩位偏差,必须符合表 1 - 15 的规定。斜桩倾斜度的偏差不得大于倾斜角正切值的 15%(倾斜角系桩的纵向中心线与铅垂线间夹角)。

预制桩(钢桩)桩位的允许偏差 表 1 - 15

项次	项 目	允许偏差(mm)
1	盖有基础梁的桩: (1)垂直基础梁的中心线 (2)沿基础梁的中心线	$100 + 0.01H$ $150 + 0.01H$
2	桩数为 1~3 根桩基中的桩	100
3	桩数为 4~16 根桩基中的桩	1/2 桩径或边长
4	桩数大于 16 根桩基中的桩: (1)最外边的桩 (2)中间桩	1/3 桩径或边长 1/2 桩径或边长

注:H 为施工现场地面标高与桩顶设计标高的距离。

(2)灌注桩的桩位偏差必须符合表 1 - 16 的现定。桩顶标高至少要比设计标高高出 0.5m。每浇筑 $50m^3$ 必须有 1 组试件,小于 $50m^3$ 的桩,每根桩必须有 1 组试件。

灌注桩的平面位置和垂直度的
允许偏差   表 1-16

项次	成孔方法		桩径允许偏差（mm）	垂直度允许偏差（%）	桩位允许偏差（mm）	
					1~3 根、单排桩基垂直于中心线方向和群桩基础的边桩	条形桩基沿中心线方向和群桩基础的中间桩
1	泥浆护壁钻孔桩	$D \leqslant 1000$mm	±50	<1	$D/6$，且不大于 100	$D/4$，且不大于 150
		$D > 1000$mm	±50		$100 + 0.01H$	$150 + 0.01H$
2	套管成孔灌注桩	$D \leqslant 500$mm	−20	<1	70	150
		$D > 500$mm			100	150
3	干成孔灌注桩		−20	<1	70	150
4	人工挖孔桩	混凝土护壁	+50	<0.5	50	150
		钢套管护壁	+50	<1	100	200

注：1. 桩径允许偏差的负值是指个别断面；
2. 采用复打、反插法施工的桩，其桩径允许偏差不受上表限制；
3. H 为施工现场地面标高与桩顶设计标高的距离，D 为设计桩径。

2. 静力压桩

静力压桩的允许偏差和检验方法应符合表 1-17 的规定。

静力压桩允许偏差和检验方法　　　表 1-17

项次	项　目			允许偏差	检验方法
1	桩位偏差			见表 1-15	用钢尺量
2	成品桩质量		外　观	掉角深度 <10mm; 蜂窝面积小于总面积 0.5%	直　观
			外形尺寸	见表 1-20	见表 1-20
3	接桩	电焊接桩	焊缝质量	见表 1-22	见表 1-22
			电焊结束后停歇时间	>1.0min	秒表测定
		硫磺胶泥接桩	胶泥浇筑时间浇筑后停歇时间	<2min	秒表测定
				>7min	秒表测定
4	压桩压力（设计有要求时）			±5%	查压力表读数
5	接桩时上下节平面偏差			<10mm	用钢尺量
6	接桩时节点弯曲矢高			<1/1000l	用钢尺量
7	桩顶标高			±50mm	水准仪

注：l 为两节桩长。

检查数量：桩位偏差全数检查，其他项目可按 20% 抽查。

3. 先张法预应力管桩

先张法预应力管桩的允许偏差和检验方法应符合表 1-18 的规定。

先张法预应力管桩允许偏差和检验方法　　表 1-18

项次	项　　　目		允许偏差	检验方法
1	桩位偏差		见表 1-15	用钢尺量
2	成品桩质量	外　观	无蜂窝、露筋、裂缝、桩顶无孔隙	直　观
		桩　径	±5mm	用钢尺量
		管壁厚度	±5mm	用钢尺量
		桩尖中心线	<2mm	用钢尺量
		顶面平整度	10mm	用水平尺量
		桩体弯曲	<1/1000l	用钢尺量，l 为桩长
3	接桩	焊缝质量	见表 1-22	见表 1-22
		电焊结束后停歇时间	>1.0min	秒表测定
		上下节平面偏差	<10mm	用钢尺量
		节点弯曲矢高	<1/1000l	用钢尺量，l 为两节桩长
4	桩顶标高		±50mm	水准仪

检查数量：桩位偏差全数检查，其他项目可按 20% 抽查。

4. 混凝土预制桩

（1）预制桩钢筋骨架的允许偏差和检验方法应

符合表1-19的规定。

预制桩钢筋骨架允许偏差和检验方法　　表1-19

项次	项　目	允许偏差	检验方法
1	主筋距桩顶距离	±5mm	用钢尺量
2	多节桩锚固钢筋位置	5mm	用钢尺量
3	多节桩预埋铁件	±3mm	用钢尺量
4	主筋保护层厚度	±5mm	用钢尺量
5	主筋间距	±5mm	用钢尺量
6	桩尖中心线	10mm	用钢尺量
7	箍筋间距	±20mm	用钢尺量
8	桩顶钢筋网片	±10mm	用钢尺量
9	多节桩锚固钢筋长度	±10mm	用钢尺量

（2）混凝土预制桩的允许偏差和检验方法应符合表1-20的规定。

混凝土预制桩允许偏差和检验方法　　表1-20

项次	项　目	允许偏差	检验方法
1	桩位偏差	见表1-15	用钢尺量
2	成品桩外形	掉角深度<10mm 蜂窝面积小于总面积0.5%	直　观

续表

项次	项 目		允许偏差	检验方法
3	成品桩裂缝（收缩裂缝或起吊、装运、堆放引起的裂缝）		深度 <20mm，宽度 <0.25mm，横向裂缝不超过边长之半	裂缝测定仪（该项目在地下水有侵蚀地区及锤数超过500击的长桩不适用）
4	成品桩尺寸	横截面边长	±5mm	用钢尺量
		桩顶对角线长差	<10mm	用钢尺量
		桩尖中心线	<10mm	用钢尺量
		桩身弯曲矢高	<1/1000l	用钢尺量，l 为桩长
		桩顶平整度	<2mm	用水平尺量
5	电焊接桩	焊缝质量	见表 1-22	见表 1-22
		电焊结束后停歇时间	>1.0min	秒表测定
		上下节平面偏差	<10mm	用钢尺量
		节点弯曲矢高	<1/1000l	用钢尺量，l 为两节桩长
6	硫磺胶泥接桩	胶泥浇筑时间	<2min	秒表测定
		浇筑后停歇时间	>7min	秒表测定
7	桩顶标高		±50mm	水准仪

检查数量：桩位偏差全数检查，其他项目可按 20% 抽查。

5. 钢桩

（1）成品钢桩的允许偏差和检验方法应符合表 1-21 的规定。

成品钢桩允许偏差和检验方法　　表 1-21

项次	项　　目		允许偏差	检验方法
1	钢桩外径或断面	桩端 桩身	±0.5%D ±1D	用钢尺量，D 为外径或边长
2	矢　　高		<1/1000l	用钢尺量，l 为桩长
3	长　　度		+10mm	用钢尺量
4	端部平整度		≤2mm	用水平尺量
5	H 钢桩的方正度 $h>300mm$ $h<300mm$		$T+T'≤8mm$ $T+T'≤6mm$	用钢尺量 用钢尺量
6	端部平面与桩中心线的倾斜值		≤2mm	用水平尺量

（2）钢桩施工的允许偏差和检验方法应符合表 1-22 的规定。

钢桩施工允许偏差和检验方法   表 1-22

项次	项 目		允许偏差	检验方法
1	桩位偏差		见表 1-15	见表 1-15
2	电焊接桩焊缝	上下节端部错口 外径≥700mm	≤3mm	用钢尺量
		外径 <700mm	≤2mm	用钢尺量
		焊缝咬边深度	≤0.5mm	焊缝检查仪
		焊缝加强层高度	2mm	焊缝检查仪
		焊缝加强层宽度	2mm	焊缝检查仪
		焊缝电焊质量外观	无气孔、焊瘤、裂缝	直观
3	电焊结束后停歇时间		>1.0min	秒表测定
4	节点弯曲矢高		<1/1000l	用钢尺量，l 为两节桩长
5	桩顶标高		±50mm	水准仪

检查数量：桩位偏差全数检查，其他项目可按 20% 抽查。

6. 混凝土灌注桩

（1）混凝土灌注桩钢筋笼的允许偏差和检验方法应符合表 1-23 的规定。

混凝土灌注桩钢筋笼允许偏差和检验方法   表 1-23

项次	项 目	允许偏差	检验方法
1	主筋间距	±10mm	用钢尺量
2	长 度	±100mm	用钢尺量

项次	项　目	允许偏差	检验方法
3	箍筋间距	±20mm	用钢尺量
4	直　径	±10mm	用钢尺量

（2）混凝土灌注桩的允许偏差和检验方法应符合表 1-24 的规定。

混凝土灌注桩允许偏差和检验方法　表 1-24

项次	项　目		允许偏差	检验方法
1	桩　位		见表 1-16	基坑开挖前量护筒，开挖后量桩中心
2	孔　深		+300mm	只深不浅，用重锤测，或测钻杆、套管长度
3	垂 直 度		见表 1-16	测套管或钻杆，或用超声波探测
4	桩　径		见表 1-16	井径仪或超声波检测于施工时用钢尺量
5	泥浆比重		1.5～1.20	用比重计测
6	泥浆面标高（高于地下水位）		0.5～1.0m	目　测
7	沉渣厚度	端承桩	≤50mm	用沉渣仪或重锤测量
		摩擦桩	≤150mm	
8	混凝土坍落度	水下灌注	160～220mm	坍落度仪
		干施工	70～100mm	
9	钢筋笼安装深度		±100mm	用钢尺量

续表

项次	项　目	允许偏差	检 验 方 法
10	混凝土充盈系数	>1	检查每根桩的实际灌注量
11	桩顶标高	+30mm −50mm	水准仪，需扣除桩顶浮浆层及劣质桩体

注：人工挖孔桩、嵌岩桩按本表执行。

检查数量：全数检查。

7.《建筑桩基技术规范》JGJ 94—2008 规定

（1）灌注桩成孔施工的允许偏差应满足表1-25的要求。

灌注桩成孔施工允许偏差　　　　　　表 1-25

成 孔 方 法		桩径允许偏差（mm）	垂直度允许偏差（%）	桩位允许偏差（mm）	
				1～3 根桩、条形桩基沿垂直轴线方向和群桩基础中的边桩	条形桩基沿轴线方向和群桩基础的中间桩
泥浆护壁钻、挖、冲孔桩	$d \leqslant 1000mm$	± 50	1	$d/6$ 且不大于 150	$d/4$ 且不大于 100
	$d > 1000mm$	± 50		$100 + 0.01H$	$150 + 0.01H$
锤击（振动）沉管振动冲击沉管成孔	$d \leqslant 500mm$	− 20	1	70	150
	$d > 500mm$			100	150

续表

成 孔 方 法		桩径允许偏差（mm）	垂直度允许偏差（%）	桩位允许偏差（mm）	
				1～3 根桩、条形桩基沿垂直轴线方向和群桩基础中的边桩	条形桩基沿轴线方向和群桩基础的中间桩
螺旋钻、机动洛阳铲干作业成孔		−20	1	70	150
人工挖孔桩	现浇混凝土护壁	±50	0.5	50	150
	长钢套管护壁	±20	1	100	200

注：1. 桩径允许偏差的负值是指个别断面；
   2. H 为施工现场地面标高与桩顶设计标高的距离；d 为设计桩径。

（2）钢筋笼的材质、尺寸应符合设计要求，制作允许偏差应符合表 1-26 的规定。

钢筋笼制作允许偏差　　表 1-26

项目	允许偏差（mm）	项目	允许偏差（mm）
主筋间距	±10	钢筋笼直径	±10
箍筋间距	±20	钢筋笼长度	±100

（3）预制桩钢筋骨架的允许偏差应符合表 1-27 的规定。

预制桩钢筋骨架的允许偏差　　　表 1-27

项次	项　　　目	允许偏差（mm）
1	主筋间距	±5
2	桩尖中心线	10
3	箍筋间距或螺旋筋的螺距	±20
4	吊环沿纵轴线方向	±20
5	吊环沿垂直于纵轴线方向	±20
6	吊环露出桩表面的高度	±10
7	主筋距桩顶距离	±5
8	桩顶钢筋网片位置	±10
9	多节桩桩顶预埋件位置	±3

（4）混凝土预制桩的表面应平整、密实，制作允许偏差应符合表 1-28 的规定。

混凝土预制桩制作允许偏差　　　表 1-28

桩　　型	项　　　目	允许偏差（mm）
钢筋混凝土实心桩	横截面边长	±5
	桩顶对角线之差	≤5
	保护层厚度	±5
	桩身弯曲矢高	不大于 1‰桩长且不大于 20
	桩尖偏心	≤10
	桩端面倾斜	≤0.005
	桩节长度	±20

续表

桩 型	项 目	允许偏差（mm）
钢筋混凝土管桩	直径	±5
	长度	±0.5%桩长
	管壁厚度	-5
	保护层厚度	+10，-5
	桩身弯曲（度）矢高	1‰桩长
	桩尖偏心	≤10
	桩头板平整度	≤2
	桩头板偏心	≤2

（5）打入桩（预制混凝土方桩、预应力混凝土空心桩、钢桩）的桩位偏差，应符合表1-29的规定。斜桩倾斜度的偏差不得大于倾斜角正切值的15%（倾斜角系桩的纵向中心线与铅垂线间夹角）。

打入桩桩位的允许偏差　　表1-29

项 目	允许偏差（mm）
带有基础梁的桩：（1）垂直基础梁的中心线 　　　　　　　　（2）沿基础梁的中心线	$100 + 0.01H$ $150 + 0.01H$
桩数为1~3根桩基中的桩	100
桩数为4~16根桩基中的桩	1/2桩径或边长
桩数大于16根桩基中的桩：（1）最外边的桩 　　　　　　　　　　　（2）中间桩	1/3桩径或边长 1/2桩径或边长

注：H为施工现场地面标高与桩顶设计标高的距离。

（6）钢桩制作的允许偏差应符合表 1-30 的规定，钢桩的分段长度不宜大于 15m。

钢桩制作的允许偏差　　　　表 1-30

项　目		允许偏差（mm）
外径或断面尺寸	桩端部	±0.5% 外径或边长
	桩身	±0.1% 外径或边长
长　度		>0
矢　高		≤1‰桩长
端部平整度		≤2（H 型桩≤1）
端部平面与桩身中心线的倾斜值		≤2

（7）钢桩的焊接质量应符合国家现行标准《钢结构工程施工质量验收规范》GB 50205 和《建筑钢结构焊接技术规程》JGJ 81 的规定，每个接头除应按表 1-31 规定进行外观检查外，还应按接头总数的 5% 进行超声或 2% 进行 X 射线拍片检查，对于同一工程，探伤抽样检验不得少于 3 个接头。

接桩焊缝外观允许偏差　　　　表 1-31

项　目	允许偏差（mm）
上下节桩错口：	—
①钢管桩外径≥700mm	3

续表

项　　目	允许偏差（mm）
②钢管桩外径＜700mm	2
H型钢桩	1
咬边深度（焊缝）	0.5
加强层高度（焊缝）	2
加强层宽度（焊缝）	3

1.3　土方工程

1. 土方开挖

土方开挖工程的允许偏差和检验方法应符合表1-32的规定。

土方开挖工程允许偏差和检验方法　表1-32

项次	项　目	允许偏差（mm）					检验方法
		柱基基坑基槽	挖方场地平整		管沟	地（路）面基层	
			人工	机械			
1	标　高	−50	±30	±50	−50	−50	水准仪
2	长度、宽度（由设计中心线向两边量）	+200 −50	+300 −100	+500 −150	+100	—	经纬仪，用钢尺量

续表

项次	项 目	允许偏差（mm）					检验方法
		柱基坑基槽	挖方场地平整		管沟	地（路）面基层	
			人工	机械			
3	表面平整度	20	20	50	20	20	用 2m 靠尺和楔形塞尺检查

注：地（路）面基层的偏差只适用于直接在挖、填土上做地
    （路）面的基层。

检查数量：经常检查。

2. 土方回填

土方回填工程的允许偏差和检验方法应符合表
1-33 的规定。

土方回填工程允许偏差和
检验方法   表 1-33

项次	项 目	允许偏差（mm）					检验方法
		柱基坑基槽	场地平整		管沟	地（路）面基层	
			人工	机械			
1	标 高	-50	±30	±50	-50	-50	水准仪
2	表面平整度	20	20	30	20	20	用靠尺或水准仪

检查数量：经常检查。

1.4 基坑工程

1. 排桩墙支护工程

排桩墙支护结构包括灌注桩、预制桩、板桩等构成的支护结构。

（1）重复使用的钢板桩的允许偏差和检验方法应符合表1-34的规定。

检查数量：可按20%抽查。

重复使用的钢板桩允许偏差和检验方法 表1-34

项次	项 目	允许偏差	检验方法
1	桩垂直度	<1%	用钢尺量
2	桩身弯曲度	<2%l	用钢尺量，l为桩长
3	齿槽平直度及光滑度	无电焊渣或毛刺	用1m长的桩段做通过试验
4	桩长度	不小于设计长度	用钢尺量

（2）混凝土板桩制作允作偏差和检验方法应符合表1-35的规定。

检查数量：桩长度、桩身弯曲度全数检查，其他项目可按 20% 抽查。

混凝土板桩制作允许偏差和
检验方法

表 1-35

项次	项　　目	允许偏差	检验方法
1	桩长度	+10mm，0	用钢尺量
2	桩身弯曲度	<0.1%l	用钢尺量，l 为桩长
3	保护层厚度	±5mm	用钢尺量
4	横截面相对两面之差	5mm	用钢尺量
5	桩尖对桩轴线的位移	10mm	用钢尺量
6	桩厚度	+10mm，0	用钢尺量
7	凸凹槽尺寸	±3mm	用钢尺量

2. 水泥土桩墙支护工程

水泥土桩墙支护结构是指水泥土搅拌桩（包括加筋水泥土搅拌桩）、高压喷射注浆桩所构成的围护结构。

加筋水泥土桩的允许偏差和检验方法应符合表 1-36 的规定。

检查数量：可按 20% 抽查。

加筋水泥土桩允许偏差和
检验方法　　　　　表 1-36

项次	项　　目	允许偏差	检验方法
1	型钢长度	±10mm	用钢尺量
2	型钢垂直度	<1%	经纬仪
3	型钢插入标高	±30mm	水准仪
4	型钢插入平面位置	10mm	用钢尺量

3. 锚杆及土钉墙支护工程

锚杆及土钉墙支护工程的允许偏差和检验方法应符合表 1-37 的规定。

检查数量: 可按 20% 抽查。

锚杆及土钉墙支护工程允许偏差及
检验方法　　　　　表 1-37

项次	项　　目	允许偏差	检验方法
1	锚杆土钉长度	±30mm	用钢尺量
2	锚钉或土钉位置	±100mm	用钢尺量
3	钻孔倾斜度	±1°	测钻机倾角
4	注浆量	大于计算浆量	检查计量数据
5	土钉墙面厚度	±10mm	用钢尺量

4. 钢或混凝土支撑系统

钢或混凝土支撑系统工程的允许偏差和检验方

法应符合表1-38的规定。

钢或混凝土支撑系统工程允许

项次	项	目	允许偏差	检验方法
1	支撑位置	标　高 平　面	30mm 100mm	水准仪 用钢尺量
2	施加顶力		±50kN	油泵读数或 传感器
3	围图标高		30mm	水准仪
4	立柱位置	标　高 平　面	30mm 50mm	水准仪 用钢尺量
5	开挖超深（开槽放支撑除外）		<200mm	水准仪

偏差和检验方法　　　　　　　　表1-38

检查数量：支撑位置、预加顶力全数检查，其他项目可按20%抽查。

5. 地下连续墙

（1）地下连续墙的允许偏差和检验方法应符合表1-39的规定。

（2）地下连续墙的钢筋笼的允许偏差和检验方法应符合表1-40的规定。

检查数量：墙体垂直度全数检查，其他项目可按20%抽查。

地下连续墙允许偏差和检验方法　　表 1-39

项次	项　　目		允许偏差	检　验　方　法
1	垂直度	永久结构 临时结构	1/300 1/150	测声波测槽仪或成 槽机上的监测系统
2	导墙尺寸	宽度 墙面平整度 导墙平面位置	$W+40$mm <5mm ±10mm	用钢尺量 用钢尺量 用钢尺量
3	沉渣厚度	永久结构 临时结构	≤100mm ≤200mm	重锤测或沉积物 测定仪测
4	槽深		+100mm	重锤测
5	混凝土坍落度		180~220mm	坍落度测定器
6	钢筋笼尺寸		见表 1-23	见表 1-23
7	地下墙表 面平整度	永久结构 临时结构 插入式结构	<100mm <150mm <20mm	
8	永久结构 时的预理 件位置	水平向 垂直向	≤10mm ≤20mm	用钢尺量 水准仪

注：W 为地下墙设计厚度（mm）。

6. 沉井与沉箱

沉井与沉箱的允许偏差和检验方法应符合表 1-40 的规定。

检查数量：全数检查。

沉井（箱）允许偏差和检验方法　　表 1-40

项次	项　目		允许偏差	检　验　方　法
1	封底前，沉井（箱）的下沉稳定		<10mm/8h	水准仪
2	封底结束后的位置	刃脚平均标高（与设计标高比）	<100mm	水准仪
		刃脚平面中心线位移	<1%H	经纬仪，$H<10m$ 时，控制在 100mm 之内
		四角中任何两角的底面标高	<1%l	水准仪，$l<10m$ 时，控制在 100mm 之内
3	结构体外观		无裂缝、蜂窝、空洞、不露筋	直　观
4	平面尺寸	长与宽	±0.5%	用钢尺量，最大控制在 100mm 之内
		曲线部位半径	±0.5%	用钢尺量，最大控制在 50mm 之内
		两对角线差预埋件	1% 20mm	用钢尺量 用钢尺量
5	下沉过程中的偏差	高差	1.5%~2%	水准仪，最大不超过 1m
		平面轴线	<1.5H	经纬仪，最大应控制在 300mm 之内
6	封底混凝土坍落度		180~220mm	坍落度测定器

注：H 为下沉深度；l 为两角的距离。

7. 降水与排水

降水与排水施工的允许偏差和检验方法应符合表1-41的规定。

降水与排水施工允许偏差和检验方法　　表1-41

项次	项　　　目		允许偏差	检验方法
1	排水沟坡度		1～2‰	目测，坑内不积水，沟内排水畅通
2	井管（点）垂直度		1%	插管时目测
3	井管（点）间距（与设计相比）		≤150mm	用钢尺量
4	井管（点）插入深度（与设计相比）		≤200mm	水准仪
5	过滤砂砾料填灌（与计算值相比）		≤5%	检查回填料用量
6	井点真空度	轻型井点	>60kPa	真空度表
		喷射井点	>93kPa	真空度表
7	电渗井点阴阳极距离	轻型井点	80～100mm	用钢尺量
		喷射井点	120～150mm	用钢尺量

检查数量：全数检查。

8. **《建筑基坑支护技术规程》JGJ 120—2012 备案号 1412—2012 规定**

（1）排桩的施工偏差应符合下列规定：

①桩位的允许偏差应为 50mm；

②桩垂直度的允许偏差应为 0.5%；

③预埋件位置的允许偏差应为 20mm；

④桩的其他施工允许偏差应符合现行行业标准《建筑桩基技术规范》JGJ 94 的规定。

（2）锚杆的施工偏差应符合下列要求：

①钻孔孔位的允许偏差应为 50mm；

②钻孔倾角的允许偏差应为 3°；

③杆体长度不应小于设计长度；

④自由段的套管长度允许偏差应为 ±50mm。

（3）内支撑的施工偏差应符合下列要求：

①支撑标高的允许偏差应为 30mm；

②支撑水平位置的允许偏差应为 30mm；

③临时立柱平面位置的允许偏差应为 ±50mm，垂直度的允许偏差应为 1/150。

（4）与主体结构结合的地下连续墙、立柱及立柱桩，其施工偏差应符合下列规定：

①除有特殊要求外，地下连续墙的施工偏差应符合现行国家标准《建筑地基基础工程施工质量验收规范》GB 50202 的规定；

②立柱及立柱桩的平面位置允许偏差应为 10mm;

③立柱的垂直度允许偏差应为 1/300;

④立柱桩的垂直度允许偏差应为 1/200。

(5) 土钉墙的施工偏差应符合下列要求:

①土钉位置的允许偏差应为 100mm;

②土钉倾角的允许偏差应为 3°;

③土钉杆体长度不应小于设计长度;

④钢筋网间距的允许偏差应为 ±30mm;

⑤微型桩桩位的允许偏差应为 50mm;

⑥微型桩垂直度的允许偏差应为 0.5%。

2 砌体工程

2.1 测量放线

砌筑基础前，应校核放线尺寸，允许偏差应符合表2-1的规定。

放线尺寸的允许偏差　　　　表2-1

长度 L、宽度 B（m）	允许偏差（mm）
L（或 B）≤30	±5
30＜L（或 B）≤60	±10
60＜L（或 B）≤90	±15
L（或 B）＞90	±20

2.2 砖砌体工程

砖砌体包括烧结普通砖、烧结多孔砖、混凝土多孔砖、混凝土实心砖、蒸压灰砂砖、蒸压粉煤灰砖等。

砖砌体尺寸、位置的允许偏差及检验应符合表2-2的规定。

砖砌体尺寸、位置的允许偏差及检验   表2-2

项次	项目			允许偏差（mm）	检验方法	抽检数量
1	轴线位移			10	用经纬仪和尺或用其他测量仪器检查	承重墙、柱全数检查
2	基础、墙、柱顶面标高			±15	用水准仪和尺检查	不应少于5处
3	墙面垂直度	每层		5	用2m托线板检查	不应少于5处
		全高	≤10m	10	用经纬仪、吊线和尺或用其他测量仪器检查	外墙全部阳角
			>10m	20		
4	表面平整度	清水墙、柱		5	用2m靠尺和楔形塞尺检查	不应少于5处
		混水墙、柱		8		
5	水平灰缝平直度	清水墙		7	拉5m线和尺检查	不应少于5处
		混水墙		10		

项次	项　　目	允许偏差（mm）	检验方法	抽检数量
6	门窗洞口高、宽（后塞口）	±10	用尺检查	不应少于5处
7	外墙上下窗口偏移	20	以底层窗口为准，用经纬仪或吊线检查	不应少于5处
8	清水墙游丁走缝	20	以每层第一皮砖为准，用吊线和尺检查	不应少于5处

2.3　混凝土小型空心砌块砌体工程

混凝土小型空心砌块砌体工程包括普通混凝土小型空心砌块和轻骨料混凝土小型空心砌块等。

混凝土小型空心砌块砌体尺寸、位置偏差及检验，见表2-2。

2.4　石砌体工程

石砌体工程包括毛石、毛料石、粗料石、细料石等。

石砌体尺寸、位置的允许偏差及检验方法应符合表 2-3 的规定。

石砌体尺寸、位置的允许偏差及检验方法　表 2-3

项次	项目		允许偏差(mm)						检验方法
		毛石砌体		料石砌体					
		基础	墙	毛料石		粗料石		细料石	
				基础	墙	基础	墙	墙、柱	
1	轴线位置	20	15	20	15	15	10	10	用经纬仪和尺检查,或用其他测量仪器检查
2	基础和墙砌体顶面标高	±25	±15	±25	±15	±15	±15	±10	用水准仪和尺检查
3	砌体厚度	+30	+20 -10	+30	+20 -10	+15	+10 -5	+10 -5	用尺检查
4	墙面垂直度　每层	—	20	—	20	—	10	7	用经纬仪、吊线和尺检查或其他测量仪器检查
	全高	—	30	—	30	—	20	10	
5	表面平整度　清水墙、柱	—	—	—	20	—	10	5	细料石用2m靠尺和楔形塞尺检查,其他用两直尺垂直于灰缝拉2m线和尺检查
	混水墙、柱	—	—	—	20	—	15	—	

项次	项目	允许偏差（mm）						检验方法
		毛石砌体		料石砌体				
		基础	墙	毛料石		粗料石		细料石	
				基础	墙	基础	墙	墙、柱	
6	清水墙水平灰缝平直度	—	—	—	—	—	10	5	拉 10m 线和尺检查

抽检数量：每检验批抽查不应少于5处。

2.5 配筋砌体工程

1. 构造柱一般尺寸允许偏差及检验方法应符合表2-4的规定。

构造柱一般尺寸允许偏差及检验方法   表2-4

项次	项 目	允许偏差（mm）	检验方法
1	中心线位置	10	用经纬仪和尺检查或用其他测量仪器检查
2	层间错位	8	用经纬仪和尺检查或用其他测量仪器检查

续表

项次	项 目		允许偏差 (mm)	检验方法
3	垂直度	每层	10	用2m托线板检查
		全高 ≤10m	15	用经纬仪、吊线和尺检查或用其他测量仪器检查
		全高 >10m	20	

抽检数量：每检验批抽查不应少于 5 处。

2. 钢筋安装位置的允许偏差及检验方法应符合表 2-5 的规定。

钢筋安装位置的允许偏差和检验方法　　表 2-5

项 目		允许偏差 (mm)	检验方法
受力钢筋保护层厚度	网状配筋砌体	±10	检查钢筋网成品，钢筋网放置位置局部剔缝观察，或用探针刺入灰缝内检查，或用钢筋位置测定仪测定
	组合砖砌体	±5	支模前观察与尺量检查
	配筋小砌块砌体	±10	浇筑灌孔混凝土前观察与尺量检查
配筋小砌块砌体墙凹槽中水平钢筋间距		±10	钢尺量连续三档，取最大值

抽检数量：每检验批抽查不应少于5处。

2.6　填充墙砌体工程

填充墙砌体工程包括烧结空心砖、蒸压加气混凝土砌块，轻骨料混凝土小型空心砌块等。

1. 填充墙砌体尺寸、位置的允许偏差及检验方法应符合表2-6的规定。

填充墙砌体尺寸、位置的允许
偏差及检验方法　　　　　表2-6

项次	项　目		允许偏差（mm）	检验方法
1	轴线位移		10	用尺检查
2	垂直度（每层）	≤3m	5	用2m托线板或吊线、尺检查
		>3m	10	
3	表面平整度		8	用2m靠尺和楔形尺检查
4	门窗洞口高、宽（后塞口）		±10	用尺检查
5	外墙上、下窗口偏移		20	用经纬仪或吊线检查

抽检数量：每检验批抽查不应少于5处。

2. 填充墙砌体的砂浆饱满度及检验方法应符合表 2-7 的规定。

填充墙砌体的砂浆饱满度
及检验方法 表2-7

砌体分类	灰缝	饱满度及要求	检验方法
空心砖砌体	水平	≥80%	采用百格网检查块体底面或侧面砂浆的粘结痕迹面积
	垂直	填满砂浆，不得有透明缝、瞎缝、假缝	
蒸压加气混凝土砌块、轻骨料混凝土小型空心砌块砌体	水平	≥80%	
	垂直	≥80%	

抽检数量：每检验批抽查不应少于 5 处。

3 混凝土结构工程

3.1 模板工程

1. 组合钢模板

（1）组合钢模板制作质量标准应符合表 3-1 的规定。

钢模板制作质量标准　　　　　　　表 3-1

项 目		要求尺寸 （mm）	允许偏差 （mm）
外 形 尺 寸	长　度	l	0 −1.00
	宽　度	b	0 −0.80
	肋　高	55	±0.50
U 形 卡 孔	沿板长度的孔中心距	$n \times 150$	±0.60
	沿板宽度的孔中心距	—	±0.60
	孔中心与板面间距	22	±0.30
	沿板长度孔中心与板端间距	75	±0.30
	沿板宽度孔中心与边肋 凸棱面的间距	—	±0.30
	孔直径	$\phi 13.8$	±0.25

续表

项目		要求尺寸（mm）	允许偏差（mm）
凸棱尺寸	高度	0.3	+ 0.30 − 0.05
	宽度	4.0	+ 2.00 − 1.00
	边肋圆角	90°	ϕ0.5 钢针通不过
面板端与两凸棱面的垂直度		90°	$d \leqslant 0.50$
板面平面度		—	$f_1 \leqslant 1.00$
凸棱直线度		—	$f_2 \leqslant 0.50$
横肋	横肋、中纵肋与边肋高度差	—	$\Delta \leqslant 1.20$
	两端横肋组装位移	0.3	$\Delta \leqslant 0.60$
焊缝	肋间焊缝长度	30.0	± 5.00
	肋间焊脚高	2.5（2.0）	+ 1.00
	肋与面板焊缝长度	10.0（15.0）	+ 5.00
	肋与面板焊脚高度	2.5（2.0）	+ 1.00
凸鼓的高度		1.0	+ 0.30 − 0.20
防锈漆外观		油漆涂刷均匀不得漏涂、皱皮、脱皮、流淌	
角模的垂直度		90°	$\Delta \leqslant 1.00$

注：采用二氧化碳气体保护焊的焊脚高度与焊缝长度为括号内数据。

（2）钢模板产品组装质量标准应符合表 3-2 的规定。

钢模板产品组装质量标准（mm）   表 3-2

项　　　目	允　许　偏　差
两块模板之间的拼接缝隙	≤1.0
相邻模板面的高低差	≤2.0
组装模板板面平面度	≤2.0
组装模板板面的长宽尺寸	±2.0
组装模板两对角线长度差值	≤3.0

注：组装模板面积为 2100mm×2000mm。

（3）配件制作主项质量标准应符合表 3-3 的规定。

配件制作主项质量标准（mm）   表 3-3

项　　　目		要求尺寸	允许偏差
U 形卡	卡口宽度	6.0	±0.5
	脖　高	44	±1.0
	弹性孔直径	φ20	+2.0 0
	试验 50 次后的卡口残余变形	—	≤1.2
扣件	高　度	—	±2.0
	螺栓孔直径	—	±1.0
	长　度	—	±1.5
	宽　度	—	±1.0
	卡口长度	—	+2.0 0

续表

	项　　目	要求尺寸	允许偏差
支柱	钢管的直线度	—	≤L/1000
	支柱最大长度时上端最大振幅	—	≤60.0
	顶板与底板的孔中心与管轴位移	—	1.0
	销孔对管径的对称度	—	1.0
	插管插入套管的最小长度	≥280	—
桁架	上平面直线度	—	≤2.0
	焊缝长度	—	±5.0
	销孔直径	—	+1.0 0
	两排孔之间平行度	—	±0.5
	长方向相邻两孔中心距	—	±0.5
梁卡具	销孔直径	—	+1.0 0
	销孔中心距	—	±1.0
	立管垂直度	—	≤1.5
门式支架	门架高度	—	±1.5
	门架宽度	—	±1.5
	立杆端面与立杆轴线垂直度	—	0.3
	锁销与立杆轴线位置度	—	±1.5
	锁销间距离	—	±1.5
碗扣式支架	立杆长度	—	±1.0
	相邻下碗扣间距	600	±0.5
	立杆直线度	—	≤1/1000
	下碗扣与定位销下端间距	115	±0.5
	销孔直径	φ12	+1.0 0
	销孔中心与管端间距	30	±0.5

注：1. U 形卡试件试验后，不得有裂纹、脱皮等疵病；
　　2. 扣件、支柱、桁架和支架等项目都应做荷载试验。

（4）组合钢模板施工组装质量标准应符合表 3-4 的规定。

（5）钢模板及配件修复后的主要质量标准应符合表 3-5 的规定。

钢模板施工组装质量标准　　　表 3-4

项　　目	允许偏差（mm）
两块模板之间拼接缝隙	≤2.0
相邻模板面的高低差	≤2.0
组装模板板面平面度	≤2.0（用 2m 长平尺检查）
组装模板板面的长宽尺寸	≤长度和宽度的 1/1000，最大 ±4.0
组装模板两对角线长度差值	≤对角线长度的 1/1000，最大 ≤7.0

钢模板及配件修复后的主要质量标准　　表 3-5

项　　目		允许偏差（mm）
钢模板	板面平面度	≤2.0
	凸棱直线度	≤1.0
	边肋不直度	不得超过凸棱高度
配件	U 形卡卡口残余变形	≤1.2
	钢楞及支柱直线度	≤l/1000

注：l 为钢楞及支柱的长度。

2. 模板安装

（1）固定在模板上的预埋件和预留孔洞的允许偏差和检验方法应符合表 3-6 的规定。

检查数量：在同一检验批内，对梁、柱和独立基础，应抽查构件数量的 10%，且不少于 3 件；对墙和板，应按有代表性的自然间抽查 10%，且不少于 3 间；对大空间结构，墙可按相邻轴线间高度 5m 左右划分检查面，板可按纵横轴线划分检查面，抽查 10%，且均不少于 3 面。

预埋件和预留孔洞的允许偏差和检验方法 表 3-6

项次	项　　目		允许偏差（mm）	检验方法
1	预埋钢板中心线位置		3	
2	预埋管、预留孔中心线位置		3	
3	插筋	中心线位置	5	钢尺检查
		外露长度	+10，0	
4	预埋螺栓	中心线位置	2	
		外露长度	+10，0	
5	预留洞	中心线位置	10	
		尺寸	+10，0	

注：检查中心线位置时，应沿纵、横两个方向量测，并取其中的较大值。

（2）现浇结构模板安装的允许偏差和检验方法应符合表 3-7 的规定。

检查数量：在同一检验批内，对梁、柱和独立基础，应抽查构件数量的10%，且不少于3件；对墙和板，应按有代表性的自然间抽查10%，且不少于3间；对大空间结构，墙可按相邻轴线间高度5m左右划分检查面，板可按纵、横轴线划分检查面，抽查10%，且均不少于3面。

现浇结构模板安装的允许偏差和
检验方法　　　　　表3-7

项次	项　　目		允许偏差（mm）	检验方法
1	轴线位置		5	钢尺检查
2	底模上表面标高		±5	水准仪或拉线、钢尺检查
3	截面内部尺　寸	基　础	±10	钢尺检查
		柱、墙、梁	+4，-5	钢尺检查
4	层高垂直度	不大于5m	6	经纬仪或吊线、钢尺检查
		大于5m	8	经纬仪或吊线、钢尺检查
5	相邻两板表面高低差		2	钢尺检查
6	表面平整度		5	2m靠尺和塞尺检查

注：检查轴线位置时，应沿纵、横两个方向量测，并取其中的较大值。

（3）预制构件模板安装的允许偏差和检验方法应符合表3-8的规定。

检查数量：首次使用及大修后的模板应全数检查；使用中的模板应定期检查，并根据使用情况不定期抽查。

预制构件模板安装的允许偏差和
检验方法

表3-8

项次	项	目	允许偏差（mm）	检验方法
1	长度	板、梁	±5	钢尺量两角边，取其中较大值
		薄腹梁、桁架	±10	
		柱	0，-10	
		墙板	0，-5	
2	宽度	板、墙板	0，-5	钢尺量一端及中部，取其中较大值
		梁、薄腹梁、桁架、柱	+2，-5	
3	高（厚）度	板	+2，-3	钢尺量一端及中部，取其中较大值
		墙板	0，-5	
		梁、薄腹梁、桁架、柱	+2，-5	
4	侧向弯曲	梁、板、柱	$l/1000$ 且 $\leqslant15$	拉线、钢尺量最大弯曲处
		墙板、薄腹梁、桁架	$l/1500$ 且 $\leqslant15$	
5	板的表面平整度		3	2m 靠尺和塞尺检查
6	相邻两板表面高低差		1	钢尺检查

续表

项次	项　　　目		允许偏差（mm）	检验方法
7	对角线差	板	7	钢尺量两个对角线
		墙板	5	
8	翘曲	板、墙板	$l/1500$	调平尺在两端量测
9	设计起拱	薄腹梁、桁架、梁	±3	拉线、钢尺量跨中

注：l 为构件长度（mm）。

3. 清水混凝土模板安装

（1）模板制作尺寸的允许偏差与检验方法应符合表 3-9 的规定。

检查数量：全数检查。

清水混凝土模板制作尺寸允许
偏差与检验方法　　　　表 3-9

项次	项　　　目	允许偏差（mm）		检验方法
		普通清水混凝土	饰面清水混凝土	
1	模板高度	±2	±2	尺量
2	模板宽度	±1	±1	尺量
3	整块模板对角线	≤3	≤3	塞尺、尺量

续表

项次	项目	允许偏差（mm）		检验方法
		普通清水混凝土	饰面清水混凝土	
4	单块板面对角线	≤3	≤2	塞尺、尺量
5	板面平整度	3	2	2m靠尺、塞尺
6	边肋平直度	2	2	2m靠尺、塞尺
7	相邻面板拼缝高低差	≤1.0	≤0.5	平尺、塞尺
8	相邻面板拼缝间隙	≤0.8	≤0.8	塞尺、尺量
9	连接孔中心距	±1	±1	游标卡尺
10	边框连接孔与板面距离	±0.5	±0.5	游标卡尺

（2）模板安装尺寸允许偏差与检验方法应符合表 3-10 的规定。

检查数量：全数检查。

清水混凝土模板安装尺寸允许
偏差与检验方法   表 3-10

项次	项目		允许偏差（mm）		检验方法
			普通清水混凝土	饰面清水混凝土	
1	轴线位移	墙、柱、梁	4	3	尺量
2	截面尺寸	墙、柱、梁	±4	±3	尺量

续表

项次	项　目		允许偏差（mm）		检验方法
			普通清水混凝土	饰面清水混凝土	
3	标高		±5	±3	水准仪、尺量
4	相邻板面高低差		3	2	尺量
5	模板垂直度	不大于5m	4	3	经纬仪、线坠、尺量
		大于5m	6	5	
6	表面平整度		3	2	塞尺、尺量
7	阴阳角	方正	3	2	方尺、塞尺
		顺直	3	2	线尺
8	预留洞口	中心线位移	8	6	拉线、尺量
		孔洞尺寸	+8，0	+4，0	
9	预埋件、管、螺栓	中心线位移	3	2	拉线、尺量
10	门窗洞口	中心线位移	8	5	拉线、尺量
		宽、高	±6	±4	
		对角线	8	6	

3.2 钢筋工程

3.2.1 钢筋加工

1. 盘卷钢筋和直条钢筋调直后的断后伸长率、重量负偏差应符合表3-11的规定。

盘卷钢筋和直条钢筋调直后的断后伸长率、重量负偏差要求 表3-11

钢筋牌号	断后伸长率 A（%）	重量负偏差（%）		
		直径6mm ~ 12mm	直径14mm ~ 20mm	直径22mm ~ 50mm
HPB235、HPB300	≥21	≤10	—	—
HRB335、HRBF335	≥16	≤8	≤6	≤5
HRB400、HRBF400	≥15			
RRB400	≥13			
HRB500、HRBF500	≥14			

注：1. 断后伸长率 A 的量测标距为5倍钢筋公称直径；

2. 重量负偏差（%）按公式 $(W_0 - W_d)/W_0 \times 100$ 计算，其中 W_0 为钢筋理论重量（kg/m），W_d 为调直后钢筋的实际重量（kg/m）；

3. 对直径为28mm ~ 40mm 的带肋钢筋，表中断后伸长率可降低1%；对直径大于40mm 的带肋钢筋，表中断后伸长率可降低2%。

采用无延伸功能的机械设备调直的钢筋，可不进行本条规定的检验。

检查数量：同一厂家、同一牌号、同一规格调直钢筋，重量不大于 30t 为一批；每批见证取 3 件试件。

检验方法：3 个试件先进行重量偏差检验，再取其中 2 个试件经时效处理后进行力学性能检验。检验重量偏差时，试件切口应平滑且与长度方向垂直，且长度不应小于 500mm；长度和重量的量测精度分别不应低于 1mm 和 1g。

2. 钢筋加工的形状、尺寸应符合设计要求，其偏差应符合表 3-12 的规定。

检查数量：按每工作班同一类型钢筋、同一加工设备抽查不应少于 3 件。

检验方法：钢尺检查。

钢筋加工的允许偏差   表 3-12

项　　目	允许偏差（mm）
受力钢筋顺长度方向全长的净尺寸	±10
弯起钢筋的弯折位置	±20
箍筋内净尺寸	±5

3.2.2 钢筋焊接

1. 焊接骨架外观质量检查结果，应符合下列要求：

（1）每件制品的焊点脱落、漏焊数量不得超过焊点总数的4%，且相邻两焊点不得有漏焊及脱落；

（2）应量测焊接骨架的长度和宽度，并应抽查纵、横方向3~5个网格的尺寸，其允许偏差应符合表3-13的规定。

当外观检查结果不符合上述要求时，应逐件检查，并剔出不合格品。对不合格品经整修后，可提交二次验收。

焊接骨架的允许偏差　　　　表3-13

项　目		允许偏差（mm）
焊接骨架	长度	±10
	宽度	±5
	高度	±5
骨架箍筋间距		±10
受力主筋	间距	±15
	排距	±5

2. 焊接网外形尺寸检查和外观质量检查结果，应符合下列要求：

（1）焊接网的长度、宽度及网格尺寸的允许偏差均为±10mm；网片两对角线之差不得大于10mm；
网格数量应符合设计规定；

（2）焊接网交叉点开焊数量不得大于整个网片
交叉点总数的1%，并且任一根横筋上开焊点数不得
大于该根横筋交叉点总数的1/2；焊接网最外边钢筋
上的交叉点不得开焊；

（3）焊接网组成的钢筋表面不得有裂纹、折叠、
结疤、凹坑、油污及其他影响使用的缺陷；但焊点
处可有不大的毛刺和表面浮锈。

3. 电弧焊接头外观检查结果，应符合下列要求：

（1）焊缝表面应平整，不得有凹陷或焊瘤；

（2）焊接接头区域不得有肉眼可见的裂纹；

（3）咬边深度、气孔、夹渣等缺陷允许值及接
头尺寸的允许偏差，应符合表3-14的规定；

钢筋电弧焊接头尺寸偏差
及缺陷允许值　　　　表3-14

名　　称	单位	接头型式		
		帮条焊	搭接焊 钢筋与钢板 搭接焊	坡口焊 窄间隙焊熔 槽帮条焊
帮条沿接头中心 线的纵向偏移	mm	$0.3d$	—	—

续表

名　　称	单位	接头型式		
		帮条焊	搭接焊 钢筋与钢板 搭接焊	坡口焊 窄间隙焊熔 槽帮条焊
接头处弯折角	°	3	3	3
接头处钢筋轴线 的偏移	mm	0.1d	0.1d	0.1d
焊缝厚度	mm	+0.05d 0	+0.05d 0	—
焊缝宽度	mm	+0.1d 0	+0.1d 0	—
焊缝长度	mm	-0.3d	-0.3d	—
横向咬边深度	mm	0.5	0.5	0.5
在长2d焊 缝表面上的 气孔及夹渣	数量	个	2	2	—
	面积	mm²	6	6	—
在全部焊 缝表面上的 气孔及夹渣	数量	个	—	—	2
	面积	mm²	—	—	6

注: d 为钢筋直径（mm）。

（4）坡口焊、熔槽帮条焊和窄间隙焊接头的焊缝余高不得大于 3mm。

3.2.3 钢筋安装

1. 钢筋安装位置的偏差应符合表 3-15 的规定。

检查数量：在同一检验批内，对梁、柱和独立基础，应抽查构件数量的 10%，且不少于 3 件；对墙和板，应按有代表性的自然间抽查 10%，且不少于 3 间；对大空间结构，墙可按相邻轴线间高度 5m 左右划分检查面，板可按纵、横轴线划分检查面，抽查 10%，且均不少于 3 面。

钢筋安装位置的允许偏差和检验方法   表 3-15

项　　目			允许偏差（mm）	检验方法
绑扎钢筋网	长、宽		±10	钢尺检查
	网眼尺寸		±20	钢尺量连续三档，取最大值
绑扎钢筋骨架	长		±10	钢尺检查
	宽、高		±5	钢尺检查
受力钢筋	间距		±10	钢尺量两端、中间各一点，取最大值
	排距		±5	
	保护层厚度	基础	±10	钢尺检查
		柱、梁	±5	钢尺检查
		板、墙、壳	±3	钢尺检查
绑扎箍筋、横向钢筋间距			±20	钢尺量连续三档，取最大值
钢筋弯起点位置			20	钢尺检查

续表

项 目		允许偏差 （mm）	检验方法
预埋件	中心线位置	5	钢尺检查
	水平高差	+3，0	钢尺和塞尺检查

注：1. 检查预埋件中心线位置时，应沿纵、横两个方向量测，并取其中的较大值；

2. 表中梁类、板类构件上部纵向受力钢筋保护层厚度的合格点率应达到90%及以上，且不得有超过表中数值1.5倍的尺寸偏差。

3. 清水混凝土受力钢筋保护层厚度偏差不应大于3mm。

2. 钢筋间隔件的外观尺寸质量及安放允许偏差，见表3-16、表3-17、表3-18、表3-19和表3-20。

水泥基类钢筋间隔件的允许偏差   表3-16

序号	项目	允许偏差	检查数量	检查方法
1	外观	不应有断裂或大于边长1/4的破碎	全数检查	目测、用尺量测
		不应有直径大于8mm或深度大于5mm的孔洞		
		不应有大于20%的蜂窝		
2	连接铁丝或卡铁	无缺损、完好、无松动		目测

序号	项目		允许偏差		检查数量	检查方法
3	外形 (mm)	间隔尺寸	工厂生产	基础	+4，-3	同一类型的间隔件，工厂生产的每批检查数量宜为 0.1%，且不应少于 5 件；现场制作的每批检查数量宜为 0.2%，且不应少于 10 件	用卡尺量测
				梁、柱	+3，-2		
				板、墙、壳	+2，-1		
			现场制作	基础	+5，-4		
				梁、柱	+4，-3		
				板、墙、壳	+3，-2		
		其他尺寸	工厂生产		±5		
			现场制作		±10		

塑料类钢筋间隔件的允许偏差   表 3-17

序号	检查项目		允许偏差	检查数量	检查方法
1	外观		不得有裂纹	全数检查	目测
2	颜色标识		齐全、与所标识规格一致		
3	外形尺寸 (mm)	间隔尺寸	±1	同一类型的间隔件，每批检查数量宜为 0.1%，且不少于 5 件	用卡尺量测
		其他尺寸	±1		

金属类钢筋间隔件的允许偏差　　表3-18

序号	检查项目		允许偏差		检查数量	检查方法
1	外观		焊缝完整;不得有片状老锈、油污、裂纹及过大的变形		全数检查	目测、用尺量测
2	外形尺寸(mm)	间隔尺寸	工厂生产	基础	同一类型的间隔件,工厂生产的每批检查数量宜为 0.1%,且不少于 5 件;现场制作的每批检查数量宜为 0.2%,且不少于10 件	用卡尺量测
				梁、柱 +1,-1		
				板、墙、壳 +1,-1		
			现场制作	基础 +4,-2		
				梁、柱 +3,-2		
				板、墙、壳 +2,-1		
		其他尺寸	工厂生产	±2		
			现场制作	±5		

钢筋间隔件安放的保护层厚度允许偏差　　表3-19

构件类型	允许偏差(mm)	构件类型	允许偏差(mm)
梁(柱)类	+8,-5	板(墙)类	+5,-3

注:检查数量:抽取构件数量的3%,且不应少于6个构件;对抽取的梁(柱)类构件,应检查全部纵向受力钢筋的保护层;对抽取的板(墙)类构件,应检查不少于10根纵向受力钢筋的保护层。

检查方法:用尺量。

钢筋间隔件的安放位置允许偏差   表 3-20

检 查 项 目		允许偏差
位 置	平行于钢筋方向	50mm
	垂直于钢筋方向	0.5d

注：表中 d 为被间隔钢筋直径。

检查数量：按钢筋安装工程检验批随机抽检钢筋间隔件总数的 10%。

检查方法：目测，用尺量。

3.3   预应力工程

3.3.1   制作与安装

预应力筋束形控制点的竖向位置偏差应符合表 3-21 的规定。

束形控制点的竖向位置允许偏差   表 3-21

截面高（厚）度（mm）	$h \leqslant 300$	$300 < h \leqslant 1500$	$h > 1500$
允许偏差（mm）	±5	±10	±15

检查数量：在同一检验批内，抽查各类型构件

中预应力筋总数的 5%，且对各类型构件均不少于 5 束，每束不应少于 5 处。

检验方法：钢尺检查。

注：束形控制点的竖向位置偏差合格点率应达到 90% 及以上，且不得有超过表中数值 1.5 倍的尺寸偏差。

3.3.2 张拉与放张

1. 预应力筋张拉锚固后实际建立的预应力值与工程设计规定检验值的相对允许偏差为 ±5%。

检查数量：对先张法施工，每工作班抽查预应力筋总数的 1%，且不少于 3 根；对后张法施工，在同一检验批内，抽查预应力筋总数的 3%，且不少于 5 束。

检验方法：对先张法施工，检查预应力筋应力检测记录；对后张法施工，检查见证张拉记录。

2. 锚固阶段张拉端预应力筋的内缩量应符合设计要求；当设计无具体要求时，应符合表 3 - 22 的规定。

检查数量：每工作班抽查预应力筋总数的 3%，且不少于 3 束。

检验方法：钢尺检查。

张拉端预应力筋的内缩量限值   表 3-22

锚具类别		内缩量限值（mm）
支承式锚具 （镦头锚具等）	螺帽缝隙	1
	每块后加垫板的缝隙	1
锥塞式锚具		5
夹片式锚具	有顶压	5
	无顶压	6~8

3. 先张法预应力筋张拉后与设计位置的偏差不得大于 5mm，且不得大于构件截面短边边长的 4%。

检查数量：每工作班抽查预应力筋总数的 3%，且不少于 3 束。

检验方法：钢尺检查。

3.4   混凝土工程

3.4.1   原材料称量

混凝土原材料每盘称量的偏差应符合表 3-23 的规定。

原材料每盘称量的允许偏差　表3-23

材料名称	允许偏差	材料名称	允许偏差
水泥、掺合料	±2%	水、外加剂	±2%
粗、细骨料	±3%		

注：1. 各种衡器应定期校验，每次使用前应进行零点校核，保持计量准确；

2. 当遇雨天或含水率有显著变化时，应增加含水率检测次数，并及时调整水和骨料的用量。

检查数量：每工作班抽查不应少于一次。

检验方法：复称。

3.4.2 现浇混凝土结构

现浇结构和混凝土设备基础拆模后的尺寸偏差应符合表3-24、表3-25的规定。

检查数量：按楼层、结构缝或施工段划分检验批。在同一检验批内，对梁、柱和独立基础，应抽查构件数量的10%，且不少于3件；对墙和板，应按有代表性的自然间抽查10%，且不少于3间；对大空间结构，墙可按相邻轴线间高度5m左右划分检查面，板可按纵、横轴线划分检查面，抽查10%，且均不少于3面；对电梯井，应全数检查。对设备基础，应全数检查。

现浇结构尺寸允许偏差和检验方法   表3-24

项　目		允许偏差（mm）	检验方法
轴线位置	基础	15	钢尺检查
	独立基础	10	
	墙、柱、梁	8	
	剪力墙	5	
垂直度	层高 ≤5m	8	经纬仪或吊线、钢尺检查
	层高 >5m	10	经纬仪或吊线、钢尺检查
	全高（H）	H/1000 且≤30	经纬仪、钢尺检查
标高	层高	±10	水准仪或拉线、钢尺检查
	全高	±30	
截面尺寸		+8，-5	钢尺检查
电梯井	井筒长、宽对定位中心线	+25，0	钢尺检查
	井筒全高（H）垂直度	H/1000 且≤30	经纬仪、钢尺检查
表面平整度		8	2m靠尺和塞尺检查
预埋设施中心线位置	预埋件	10	钢尺检查
	预埋螺栓	5	
	预埋管	5	
预留洞中心线位置		15	钢尺检查

注：检查轴线、中心线位置时，应沿纵、横两个方向量测，并
　　取其中的较大值。

混凝土设备基础尺寸允许偏差和检验方法 表3-25

项 目		允许偏差 （mm）	检验方法
坐标位置		20	钢尺检查
不同平面的标高		0，−20	水准仪或拉线、钢尺检查
平面外形尺寸		±20	钢尺检查
凸台上平面外形尺寸		0，−20	钢尺检查
凹穴尺寸		+20，0	钢尺检查
平面 水平度	每米	5	水平尺、塞尺检查
	全长	10	水准仪或拉线、钢尺检查
垂直度	每米	5	经纬仪或吊线、钢尺检查
	全高	10	
预埋地 脚螺栓	标高（顶部）	+20，0	水准仪或拉线、钢尺检查
	中心距	±2	钢尺检查
预埋地脚 螺栓孔	中心线位置	10	钢尺检查
	深度	+20，0	钢尺检查
	孔垂直度	10	吊线、钢尺检查
预埋活 动地脚 螺栓锚板	标高	+20，0	水准仪或拉线、钢尺检查
	中心线位置	5	钢尺检查
	带槽锚板 平整度	5	钢尺、塞尺检查
	带螺纹孔 锚板平整度	2	钢尺、塞尺检查

注：检查坐标、中心线位置时，应沿纵、横两个方向量测，并
取其中的较大值。

3.4.3   装配式结构

预制构件的尺寸偏差应符合表 3-26 的规定。

检查数量：同一工作班生产的同类型构件，抽查 5% 且不少于 3 件。

预制构件尺寸的允许偏差及检验方法   表 3-26

项 目		允许偏差 （mm）	检验方法
长度	板、梁	+10，-5	钢尺检查
	柱	+5，-10	
	墙板	±5	
	薄腹梁、桁架	+15，-10	
宽度、高 （厚）度	板、梁、柱、 墙板、薄腹 梁、桁架	±5	钢尺量一端及中 部，取其中较大值
侧向弯曲	梁、柱、板	$l/750$ 且 $\leqslant 20$	拉线、钢尺量最大 侧向弯曲处
	墙板、薄腹 梁、桁架	$l/1000$ 且 $\leqslant 20$	
预埋件	中心线位置	10	钢尺检查
	螺栓位置	5	
	螺栓外露长度	+10，-5	
预留孔	中心线位置	5	钢尺检查
预留洞	中心线位置	15	钢尺检查

续表

项 目		允许偏差 （mm）	检验方法
主筋保护 层厚度	板	+5，-3	钢尺或保护层厚度 测定仪量测
	梁、柱、墙板、 薄腹梁、桁架	+10，-5	
对角线差	板、墙板	10	钢尺量两个对角线
表面平整度	板、墙板、 柱、梁	5	2m靠尺和塞尺检查
预应力构 件预留孔 道位置	梁、墙板、薄 腹梁、桁架	3	钢尺检查
翘曲	板	l/750	调平尺在两端量测
	墙板	l/1000	

注：1. l 为构件长度（mm）；

2. 检查中心线、螺栓和孔道位置时，应沿纵、横两个方向
量测，并取其中的较大值；

3. 对形状复杂或有特殊要求的构件，其尺寸偏差应符合标
准图或设计的要求。

3.4.4 清水混凝土

1. 混凝土外观质量与检验方法应符合表 3-27 的
规定。

检查数量：抽查各检验批的 30%，且不应少于
5 件。

清水混凝土外观质量与检验方法   表3-27

项次	项目	普通清水混凝土	饰面清水混凝土	检查方法
1	颜色	无明显色差	颜色基本一致，无明显色差	距离墙面5m观察
2	修补	少量修补痕迹	基本无修补痕迹	距离墙面5m观察
3	气泡	气泡分散	最大直径不大于8mm，深度不大于2mm，每平方米气泡面积不大于20cm^2	尺量
4	裂缝	宽度小于0.2mm	宽度小于0.2mm，且长度不大于1000mm	尺量、刻度放大镜
5	光洁度	无明显漏浆、流淌及冲刷痕迹	无漏浆、流淌及冲刷痕迹，无油迹、墨迹及锈斑，无粉化物	观察
6	对拉螺栓孔眼	—	排列整齐，孔洞封堵密实，凹孔棱角清晰圆滑	观察、尺量
7	明缝	—	位置规律、整齐，深度一致，水平交圈	观察、尺量
8	蝉缝	—	横平竖直，水平交圈，竖向成线	观察、尺量

2. 清水混凝土结构允许偏差与检查方法应符合表 3-28 的规定。

检查数量：抽查各检验批的 30%，且不应少于 5 件。

清水混凝土结构允许偏差与检查方法   表 3-28

项次	项 目		允许偏差（mm）		检查方法
			普通清水混凝土	饰面清水混凝土	
1	轴线位移	墙、柱、梁	6	5	尺量
2	截面尺寸	墙、柱、梁	±5	±3	尺量
3	垂直度	层高	8	5	经纬仪、线坠、尺量
		全高（H）	$H/1000$，且≤30	$H/1000$，且≤30	
4	表面平整度		4	3	2m靠尺、塞尺
5	角线顺直		4	3	拉线、尺量
6	预留洞口中心线位移		10	8	尺量
7	标高	层高	±8	±5	水准仪、尺量
		全高	±30	±30	
8	阴阳角	方正	4	3	尺量
		顺直	4	3	
9	阳台、雨罩位置		±8	±5	尺量

续表

项次	项目	允许偏差(mm)		检查方法
		普通清水混凝土	饰面清水混凝土	
10	明缝直线度	—	3	拉5m线,不足5m拉通线,钢尺检查
11	蝉缝错台		2	尺量
12	蝉缝交圈	—	5	拉5m线,不足5m拉通线,钢尺检查

3.4.5   钢管混凝土工程

1. 钢管构件进场应抽查构件的尺寸偏差,其允许偏差应符合表3-29的规定。

检查数量:同批构件抽查10%,且不少于3件。

检查方法:见表3-29。

钢管构件进场抽查尺寸允许偏差(mm)   表3-29

项目	允许偏差	检验方法
直径 D	±D/500 且不应大于 ±5.0	尺量检查
构件长度 L	±3.0	
管口圆度	D/500 且不应大于 ±5.0	

续表

项　目		允许偏差	检验方法
弯曲矢高		L/1500 且不应大于 5.0	拉线、吊线和尺量检查
钢筋贯穿管柱孔（d 钢筋直径）	孔径偏差范围	中间 1.2d ~ 1.5d 外侧 1.5d ~ 2.0d 长圆孔宽 1.2d ~ 1.5d	尺量检查
	轴线偏差	1.5	
	孔距	任意两孔距离 ±1.5 两端孔距离 ±2.0	

2. 钢管混凝土构件现场拼装焊接二、三级焊缝外观质量应符合表 3-30 的规定。

检查数量：同批构件抽查 10%，且不少于 3 件。

检验方法：观察检查、尺量检查。

二、三级焊缝外观质量标准　　　表 3-30

项目	允许偏差（mm）	
缺陷类型	二　级	三　级
未焊满（指不足设计要求）	≤ 0.2 + 0.02t，且不应大于 1.0	≤ 0.2 + 0.04t，且不应大于 2.0
	每 100.0 焊缝内缺陷总长不应大于 25.0	
根部收缩	≤ 0.2 + 0.02t，且不应大于 1.0	≤ 0.2 + 0.04t，且不应大于 2.0
	长度不限	

续表

项目	允许偏差（mm）	
缺陷类型	二　级	三　级
咬边	≤0.05t，且不应大于0.5；连续长度≤100.0，且焊缝两侧咬边总长不应大于10%焊缝全长	≤0.1t，且不应大于1.0，长度不限
弧坑裂纹	—	允许存在个别长度≤5.0的弧坑裂纹
电弧擦伤	—	允许存在个别电弧擦伤
接头不良	缺口深度0.05t，且不应大于0.5	缺口深度0.1t，且不应大于1.0
	每1000.0焊缝不应超过1处	
表面夹渣	—	深≤0.2t 长≤0.5t，且不应大于2.0
表面气孔	—	每50.0焊缝长度内允许直径≤0.4t，且不应大于3.0的气孔2个，孔距≥6倍孔径

注：表内 t 为连接处较薄的板厚。

3. 钢管混凝土构件对接焊缝和角焊缝余高及错

边允许偏差应符合表 3-31 的规定。

检查数量：同批构件抽查 10%，且不少于 3 件。

检验方法：焊缝量规检查。

焊缝余高及错边允许偏差 表 3-31

序号	内容	图例	允许偏差（mm）	
			一、二级	三级
1	对接焊缝余高 C		$B < 20$ 时，C 为 $0 \sim 3.0$ $B \geqslant 20$ 时，C 为 $0 \sim 4.0$	$B < 20$ 时，C 为 $0 \sim 4.0$ $B \geqslant 20$ 时，C 为 $0 \sim 5.0$
2	对接焊缝错边 d		$d < 0.15t$ 且不应大于 2.0	$d < 0.15t$ 且不应大于 3.0
3	角焊缝余高 C		$h_f \leqslant 6$ 时，C 为 $0 \sim 1.5$ $h_f > 6$ 时，C 为 $0 \sim 3.0$	

注：$h_f > 8.0 mm$ 的角焊缝其局部焊脚尺寸允许低于设计要求值 1.0mm，但总长度不得超过焊缝长度 10%。

4. 钢管混凝土构件现场拼装允许偏差应符合表 3-32 的规定。

检查数量：同批构件抽查 10%，且不少于 3 件。

检验方法：见表 3-32。

钢管混凝土构件现场拼装

允许偏差（mm）　　表3-32

项目	允许偏差		检验方法	图　例
	单层柱	多层柱		
一节柱高度	±5.0	±3.0	尺量检查	
对口错边	$t/10$，且不应大于3.0	2.0	焊缝量规检查	
柱身弯曲矢高	$H/1500$，且不应大于10.0	$H/1500$，且不应大于5.0	拉线、直角尺和尺量检查	
牛腿处的柱身扭曲	3.0	$d/250$，且不应大于5.0	拉线、吊线和尺量检查	
牛腿面的翘曲 Δ	2.0	$L_3 \leqslant 1000$，2.0；$L_3 > 1000$，3.0	拉线、直角尺和尺量检查	
柱底面到柱端与梁连接的最上一个安装孔距离 L	$\pm L/1500$，且不应超过±15.0		尺量检查	

续表

项目	允许偏差		检验方法	图　例
	单层柱	多层柱		
柱两端最外侧安装孔、穿钢筋孔距离 L_1	—	±2.0	尺量检查	
柱底面到牛腿支承面距离 L_2	$±L_2/2000$，且不应超过 $±8.0$	—	尺量检查	
牛腿端孔到柱轴线距离 L_3	±3.0	±3.0	尺量检查	
管肢组合尺寸偏差 h：长方面尺寸 δ_1：长方向偏差 b：宽方面尺寸 δ_2：宽方向偏差	$\delta_1/h \leqslant 1/1000$；$\delta_2/b \leqslant 1/1000$		尺量检查	

续表

项目	允许偏差		检验方法	图 例
	单层柱	多层柱		
缀件尺寸偏差 h_1：两管肢间距 δ_1：管肢间缀件偏差 h_2：两缀件间距离 δ_2：两缀件间偏差	$\delta_1/h_1 \leqslant 1/1000$； $\delta_2/h_2 \leqslant 1/1000$		尺量检查	
缀件节点偏差 d：钢管柱直径 d_1：缀件直径 δ：缀件节点偏差	d_1 不宜小于 50； δ 不应大于 $d/4$ （宜交于中心）		尺量检查	

注：t 为钢管壁厚度；H 为柱身高；d 为钢管直径，矩形管长边尺寸。

5. 钢管混凝土柱柱脚安装允许偏差应符合表 3-33 的规定。

检查数量：同批构件抽查 10%，且不少于 3 处。

检验方法：尺量检查。

钢管混凝土柱柱脚安装

允许偏差（mm） 表 3-33

项 目		允许偏差
埋入式柱脚	柱轴线位移	5
	柱标高	±5.0
端承式柱脚	支承面标高	±3.0
	支承面水平度	$L/1000$，且不应大于 5.0
	地脚螺栓中心线偏移	4.0
	地脚螺栓之间中心距	±2.0
	地脚螺栓露出长度 地脚螺栓露出螺纹长度	0，+30.0 0，+30.0

注：L 为支承面长度。

6. 钢管混凝土构件安装垂直度允许偏差应符合表 3-34 的规定。

检查数量：同批构件抽查 10%，且不少于 3 件。

检验方法：见表 3-34。

7. 钢管混凝土构件吊装前，应清除钢管内的杂物，钢管口应包封严密。

**钢管混凝土构件安装垂直度
允许偏差（mm）**　　表3-34

项　目		允许偏差	检验方法
单层	单层钢管混凝土构件的垂直度	$h/1000$，且不应大于10.0	经纬仪、全站仪检查
多层及高层	主体结构钢管混凝土构件的整体垂直度	$H/2500$，且不应大于30.0	经纬仪、全站仪检查

注：h 为单层钢管混凝土构件的高度，H 为多层及高层钢管混凝土构件全高。

检查数量：全数检查。

检验方法：观察检查。

8. 钢管混凝土构件安装允许偏差应符合表3-35的规定。

检查数量：同批构件抽查10%，且不少于3件。

检验方法：见表3-35。

钢管混凝土构件安装允许偏差（mm）　　表3-35

项　目		允许偏差	检验方法
单层	柱脚底座中心线对定位轴线的偏移	5.0	吊线和尺量检查
	单层钢管混凝土构件弯曲矢高	$h/1500$，且不应大于10.0	经纬仪、全站仪检查

续表

项　目		允许偏差	检验方法
多层及高层	上下构件连接处错口	3.0	尺量检查
	同一层构件各构件顶高度差	5.0	水准仪检查
	主体结构钢管混凝土构件总高度差	±H/1000，且不应大于30.0	水准仪和尺量检查

注：h 为单层钢管构件高度，H 为构件全高。

9. 钢管混凝土柱与钢筋混凝土梁连接允许偏差应符合表 3-36 的规定。

检查数量：全数检查。

检验方法：见表 3-36。

钢管混凝土柱与钢筋混凝土梁连接允许偏差（mm） 表 3-36

项　目	允许偏差	检验方法
梁中心线对柱中心线偏移	5	经纬仪、吊线和尺量检查
梁标高	±10	水准仪、尺量检查

10. 钢管内钢筋骨架尺寸和安装允许偏差应符合表 3-37 的规定。

检查数量：同批构件抽查 10%，且不少于 3 件。

检验方法：见表 3-37。

钢筋骨架尺寸和安装允许偏差（mm）　表 3-37

项次	检验项目			允许偏差	检验方法
1	钢筋骨架	长度		±10	尺量检查
		截面	圆形直径	±5	尺量检查
			矩形边长	±5	尺量检查
		钢筋骨架安装中心位置		5	尺量检查
2	受力钢筋	间距		±10	尺量检查，测量两端、中间各一点，取最大值
		保护层厚度		±5	尺量检查
3	箍筋、横筋间距			±20	尺量检查，连续三档，取最大值
4	钢筋骨架与钢管间距			+5，-10	尺量检查

4 钢结构工程

4.1 钢零件及钢部件加工工程

4.1.1 切割

1. 气割的允许偏差和检验方法应符合表 4-1 的规定。

检查数量：按切割面数抽查 10%，且不应少于 3 个。

气割允许偏差和检验方法　　表 4-1

项次	项　目	允许偏差（mm）	检验方法
1	零件宽度、长度	±3.0	观察检查或用钢尺、塞尺检查
2	切割面平面度	0.05t，且不应大于 2.0	
3	割纹深度	0.3	
4	局部缺口深度	1.0	

注：t 为切割面厚度。

2. 机械剪切的允许偏差和检验方法应符合表 4-2 的规定。

检查数量：按切割面数抽查 10%，且不应少于 3 个。

机械剪切的允许偏差和检验方法　表4-2

项　次	项　目	允许偏差（mm）	检验方法
1	零件宽度、长度	±3.0	观察检查或用钢尺、塞尺检查
2	边缘缺棱	1.0	
3	型钢端部垂直度	2.0	

4.1.2　矫正和成型

钢材矫正后的允许偏差和检验方法应符合表4-3的规定。

检查数量：按矫正件数抽查 10%，且不应少于 3 件。

钢材矫正后的允许偏差和检验方法（mm）　表4-3

项次	项　目	允许偏差	图　例	检验方法
1	钢板的局部平面度	$t \leqslant 14$　1.5		观察检查和实测检查
		$t > 14$　1.0	1000	
2	型钢弯曲矢高	$l/1000$ 且不应大于5.0		

续表

项次	项　目	允许偏差	图　例	检验方法
3	角钢肢的垂直度	b/100 双肢栓接角钢的角度不得大于90°		观察检查和实测检查
4	槽钢翼缘对腹板的垂直度	b/80		
5	工字钢、H型钢翼缘对腹板的垂直度	b/100 且不大于2.0		

4.1.3　边缘加工

边缘加工的允许偏差和检验方法应符合表 4-4 的规定。

检查数量：按加工面数抽查 10%，且不应少于 3 件。

边缘加工允许偏差和检验方法　　表 4-4

项次	项　　目	允许偏差（mm）	检验方法
1	零件宽度、长度	±1.0	观察检查和实测检查
2	加工边直线度	$l/3000$，且不应大于 2.0	
3	相邻两边夹角	±6′	
4	加工面垂直度	$0.025t$，且不应大于 0.5	
5	加工面表面粗糙度	$\sqrt{\dfrac{50}{}}$	

4.1.4　管、球加工

1. 螺栓球加工的允许偏差和检验方法应符合表 4-5 的规定。

检查数量：每种规格抽查 10%，且不应少于 5 个。

螺栓球加工的允许偏差和检验方法（mm）　　表 4-5

项次	项　　目		允许偏差	检验方法
1	圆度	$d \leqslant 120$	1.5	用卡尺和游标卡尺检查
		$d > 120$	2.5	
2	同一轴线上两铣平面平行度	$d \leqslant 120$	0.2	用百分表 V 形块检查
		$d > 120$	0.3	
3	铣平面距球中心距离		±0.2	用游标卡尺检查
4	相邻两螺栓孔中心线夹角		±30′	用分度头检查

项次	项 目		允许偏差	检验方法
5	两铣平面与螺栓孔轴线垂直度		$0.005r$	用百分表检查
6	球毛坯直径	$d \leqslant 120$	$+2.0$ -1.0	用卡尺和游标卡尺检查
		$d > 120$	$+3.0$ -1.5	

2. 焊接球加工的允许偏差和检验方法应符合表4-6的规定。

检查数量：每种规格抽查 10% ，且不应少于5个。

焊接球加工的允许偏差和检验方法 表 4-6

项次	项 目	允许偏差(mm)	检验方法
1	直径	$\pm 0.005d$ ± 2.5	用卡尺和游标卡尺检查
2	圆度	2.5	用卡尺和游标卡尺检查
3	壁厚减薄量	$0.13t$ ，且不应大于1.5	用卡尺和测厚仪检查
4	两半球对口错边	1.0	用套模和游标卡尺检查

3. 钢网架（桁架）用钢管杆件加工的允许偏差和检验方法应符合表4-7的规定。

检查数量：每种规格抽查10%，且不应少于5根。

钢网架（桁架）用钢管杆件加工的
允许偏差和检验方法　　　表4-7

项次	项目	允许偏差（mm）	检验方法
1	长度	±1.0	用钢尺和百分表检查
2	端面对管轴的垂直度	0.005r	用百分表V形块检查
3	管口曲线	1.0	用套模和游标卡尺检查

4.1.5　制孔

1. A、B级螺栓孔（Ⅰ类孔）的孔径允许偏差和检验方法应符合表4-8的规定。

检查数量：按钢构件数抽查10%，且不应少于3件。

A、B级螺栓孔径允许偏差和检验方法　表4-8

项次	螺栓公称直径、螺栓孔直径（mm）	螺栓公称直径允许偏差（mm）	螺栓孔直径允许偏差（mm）	检验方法
1	10~18	0.00 -0.21	+0.18 0.00	用游标卡尺或孔径量规检查
2	18~30	0.00 -0.21	+0.21 0.00	
3	30~50	0.00 -0.25	+0.25 0.00	

2. C级螺栓孔（Ⅱ类孔）的孔径允许偏差和检

验方法应符合表4-9的规定。

C级螺栓孔允许偏差和检验方法　　表4-9

项 次	项　目	允许偏差（mm）	检验方法
1	螺栓孔直径	+1.0、0.0	用游标卡尺或孔径量规检查
2	螺栓孔圆度	2.0	
3	螺栓孔垂直度	0.03t，且不应大于2.0	

　　3. 螺栓孔孔距的允许偏差和检验方法应符合表4-10的规定。

　　检查数量：按钢构件数抽查10%，且不应少于3件。

螺栓孔孔径允许偏差和检验方法　　表4-10

螺栓孔孔距范围（mm）	≤500	501~1200	1201~3000	>3000
同一组内任意两孔间距离（mm）	±1.0	±1.5	—	—
相邻两组的端孔间距离（mm）	±1.5	±2.0	±2.5	±3.0
检验方法	用钢尺检查			

　　注：1. 在节点中连接板与一根杆件相连的所有螺栓孔为一组；
　　　　2. 对接接头在拼接板一侧的螺栓孔为一组；
　　　　3. 在两相邻节点或接头间的螺栓孔为一组，但不包括上述两款所规定的螺栓孔；
　　　　4. 受弯构件翼缘上的连接螺栓孔，每米长度范围内的螺栓孔为一组。

4.1.6　焊接

1. 对接焊缝及完全熔透组合焊缝尺寸的允许偏差和检验方法应符合表4-11的规定。

对接焊缝及完全熔透组合焊缝尺寸

允许偏差和检验方法　　　　表4-11

项次	项目	图例	允许偏差（mm）		检验方法
			一、二级	三级	
1	对接焊缝余高 C		$B < 20.0$ ~3.0 $B \geqslant 20.0$ ~4.0	$B < 20.0$ ~4.0 $B \geqslant 20.0$ ~5.0	用焊缝量规检查
2	对接焊缝错边 d		$d < 0.15t$, 且≤2.0	$d < 0.15t$, 且≤3.0	

2. 部分焊透组合焊缝和角焊缝外形尺寸的允许偏差和检验方法应符合表4-12的规定。

部分焊透组合焊缝和角焊缝外形尺寸

允许偏差和检验方法　　　　表4-12

项次	项目	图　　例	允许偏差（mm）	检验方法
1	焊脚尺寸 h_f	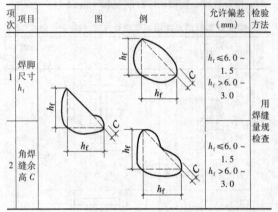	$h_f \leqslant 6.0 \sim$ 1.5 $h_f > 6.0 \sim$ 3.0	用焊缝量规检查
2	角焊缝余高 C		$h_f \leqslant 6.0 \sim$ 1.5 $h_f > 6.0 \sim$ 3.0	

注：1. $h_f > 8.0$mm 的角焊缝其局部焊脚尺寸允许低于设计要求值1.0mm，但总长度不得超过焊缝长度10%；
　　2. 焊接 H 形梁腹板与翼缘板的焊缝两端在其两倍翼缘板宽度范围内，焊缝的焊脚尺寸不得低于设计值。

4.2　钢构件组装工程

4.2.1　焊接 H 型钢

焊接 H 型钢的允许偏差和检验方法应符合表

4-13的规定。

检查数量：按钢构件数抽查 10%，且不应少于 3 件。

焊接 H 型钢的允许偏差和检验方法（mm）　表 4-13

项次	项目		允许偏差	图例	检验方法
1	截面高度 h	$h < 500$	±2.0		用钢尺、角尺、塞尺等检查
		$500 < h < 1000$	±3.0		
		$h > 1000$	±4.0		
2	截面宽度 b		±3.0		
3	腹板中心偏移		2.0		
4	翼缘板垂直度 Δ		$b/100$，且不应大于3.0		

续表

项次	项　目	允许偏差	图　　例	检验方法
5	弯曲矢高（受压构件除外）	$l/1000$ 且不应大于 10.0		用钢尺、角尺、塞尺等检查
6	扭　曲	$h/250$，且不应大于5.0		
7	腹板局部平面度 f	$t<14$　3.0 $t\geqslant14$　2.0		

4.2.2 组装

1. 焊接连接制作组装的允许偏差和检验方法应符合表4-14 的规定。

检查数量：按构件数抽查 10%，且不应少于 3 个。

焊接连接制作组装的允许偏差和检验方法   表 4-14

项次	项 目		允许偏差（mm）	图 例	检验方法
1	对口错边 Δ		$t/10$，且不应大于 3.0		用钢尺检查
2	间隙 a		±1.0		
3	搭接长度 a		±5.0		
4	缝隙 Δ		1.5		
5	高度 h		±2.0		
6	垂直度 Δ		$b/100$，且不应大于 3.0		
7	中心偏移 e		±2.0		
8	型钢错位	连接处	1.0		
		其他处	2.0		

项次	项 目	允许偏差（mm）	图 例	检验方法
9	箱形截面高度 h	±2.0		用钢尺检查
10	宽度 b	±2.0		
11	垂直度 △	$b/200$，且不应大于3.0		

2. 桁架结构杆件轴线交点错位的允许偏差不得大于3.0mm。

检查数量：按构件数抽查10%，且不应少于3个，每个抽查构件按节点数抽查10%，且不应少于3个节点。

检验方法：尺量检查。

4.2.3 端部铣平及安装焊缝坡口

1. 端部铣平的允许偏差和检验方法应符合表4-15的规定。

检查数量：按铣平面数抽查10%，且不应少于3个。

端部铣平允许偏差和检验方法   表4-15

项次	项　目	允许偏差（mm）	检验方法
1	两端铣平时构件长度	±2.0	用钢尺、角尺、塞尺等检查
2	两端铣平时零件长度	±0.5	
3	铣平面的平面度	0.3	
4	铣平面对轴线的垂直度	$l/1500$	

注：l 为铣平面的长度。

2. 安装焊缝坡口的允许偏差和检验方法应符合表4-16的规定。

检查数量：按坡口数抽查 10%，且不应少于 3 条。

安装焊缝坡口允许偏差和检验方法   表4-16

项次	项　目	允许偏差	检验方法
1	坡口角度	±5°	用焊缝量规检查
2	钝边	±1.0mm	

4.2.4 钢构件外形尺寸

1. 钢构件外形尺寸主控项目的允许偏差和检验方法应符合表4-17的规定。

检查数量：全数检查。

钢构件外形尺寸允许偏差和检验方法 表4-17

项次	项　　　目	允许偏差（mm）	检验方法
1	单层柱、梁、桁架受力支托（支承面）表面至第一个安装孔距离	±1.0	用钢尺检查
2	多节柱铣平面至第一个安装孔距离	±1.0	
3	实腹梁两端最外侧安装孔距离	±3.0	
4	构件连接处的截面几何尺寸	±3.0	
5	柱、梁连接处的腹板中心线偏移	2.0	
6	受压构件（杆件）弯曲矢高	$l/1000$，且不应大于10.0	

注：l 为受压构件（杆件）的长度。

2. 单层钢柱外形尺寸的允许偏差和检验方法应符合表4-18的规定。

检查数量：按钢柱数抽查10%，且不应少于3件。

单层钢柱外形尺寸的允许偏差和检验方法　　表 4-18

项次	项目		允许偏差（mm）	检验方法	图例
1	柱底面端到柱的一个安装孔距离	柱底面端到桁架上最连接的距离	$\pm l/1500$ ± 15.0	用钢尺检查	
2	柱底面到腿面支承距离 l_1	柱底面到牛腿支承距离	$\pm l_1/2000$ ± 8.0		
3	牛腿面的翘曲 Δ		2.0	用拉线、直角尺和钢尺检查	
4	柱身弯曲矢高		$H/1200$，且不应大于 12.0		
5	柱身扭曲	牛腿处	3.0	用拉线、吊线和钢尺检查	
		其他处	8.0		
6	柱截面几何尺寸	连接处	± 3.0	用钢尺检查	
		非连接处	± 4.0		

续表

项次	项目		允许偏差（mm）	检验方法	图 例
7	翼缘对腹板的垂直度	连接处	1.5	用直角尺和钢尺检查	
		其他处	b/100，且不应大于5.0		
8	柱脚底板平面度		5.0	用1m直尺和塞尺检查	
9	柱脚螺栓孔中心对柱轴线的距离		3.0	用钢尺检查	

3. 多节钢柱外形尺寸的允许偏差和检验方法应符合表 4-19 的规定。检查数量同单层钢柱。

多节钢柱外形尺寸的允许
偏差和检验方法（mm）　表4-19

项次	项　目		允许偏差	检验方法	图　　例
1	一节柱高度 H		±3.0	用钢尺检查	
2	两端最外侧安装孔距离 l_3		±2.0		
3	铣平面到第一个安装孔距离 a		±1.0		
4	柱身弯曲矢高 f		H/1500，且不应大于 5.0	用拉线和钢尺检查	
5	一节柱的柱身扭曲		h/250，且不应大于 5.0	用拉线、吊线和钢尺检查	
6	牛腿端孔到柱轴线距离 l_2		±3.0	用钢尺检查	
7	牛腿的翘曲或扭曲 Δ	$l_2 \leqslant 1000$	2.0	用拉线、直角尺和钢尺检查	
		$l_2 > 1000$	3.0		
8	柱截面尺寸	连接处	±3.0	用钢尺检查	
		非连接处	±4.0		
9	柱脚底板平面度		5.0	用直角和塞尺检查	

续表

项次	项目		允许偏差	检验方法	图例
10	翼缘板对腹板的垂直度	连接处	1.5	用直角尺和钢尺检查	
		其他处	b/100，且不应大于5.0		
11	柱脚螺栓孔对柱轴线的距离 a		3.0		
12	箱型截面连接处对角线差		3.0	用钢尺检查	
13	箱型柱身板垂直度		h(b)/150，且不应大于5.0	用直角尺和钢尺检查	

4. 焊接实腹钢梁外形尺寸的允许偏差和检验方法应符合表4-20的规定。

检查数量：按钢梁数抽查10%，且不应少

于3件。

焊接实腹钢梁外形尺寸的允许偏差和检验方法（mm）　表 4-20

项次	项　目		允许偏差	检验方法	图　例
1	梁长度 l	端部有凸缘支座板	0 −5.0	用钢尺检查	
		其他形式	±l/2500 ±10.0		
2	端部高度 h	h≤2000	±2.0		
		h>2000	±3.0		
3	拱度	设计要求起拱	±l/5000	用拉线和钢尺检查	
		设计未要求起拱	10.0 −5.0		
4	侧弯矢高		l/2000，且不应大于 10.0		
5	扭曲		h/250，且不应大于 10.0	用拉线、吊线和钢尺检查	
6	腹板局部平面度	t≤14	5.0	用1m直尺和塞尺检查	
		t>14	4.0		

项次	项　　目		允许偏差	检验方法	图　　例
7	翼缘板对腹板的垂直度		$b/100$，且不应大于 3.0	用直角尺和钢尺检查	
8	吊车梁上翼缘与轨道接触面平面度		1.0	用200mm、1m直尺和塞尺检查	
9	箱型截面对角线差		5.0	用钢尺检查	
10	箱型截面两腹板至翼缘板中心线距离 a	连接处	1.0		
		其他处	1.5		

续表

项次	项　目	允许偏差	检验方法	图　例
11	梁端板的平面度（只允许凹进）	$h/500$，且不应大于 2.0	用直角尺和钢尺检查	
12	梁端板与腹板的垂直度	$h/500$，且不应大于 2.0	用直角尺和钢尺检查	

5. 钢桁架外形尺寸的允许偏差和检验方法应符合表 4-21 的规定。检查数量同钢梁。

钢桁架外形尺寸的允许偏差和
检验方法（mm）　　　　表 4-21

项次	项　目		允许偏差	检验方法	图　例
1	桁架最外端两个孔或两端支承面最外侧距离	$l \leqslant 24\text{m}$	$+3.0$ -7.0	用钢尺检查	
		$l > 24\text{m}$	$+5.0$ -10.0		
2	桁架跨中高度		± 10.0		
3	桁架跨中拱度	设计要求起拱	$\pm l/5000$		
		设计未要求起拱	-10.0 $+5.0$		
4	相邻节间弦杆弯曲（受压除外）		$l/1000$		

续表

项次	项　目	允许偏差	检验方法	图　例
5	支承面到第一个安装孔距离 a	±1.0	用钢尺检查	
6	檩条连接支座间距	±5.0		

6. 钢管构件外形尺寸的允许偏差和检验方法应符合表4-22的规定。

检查数量：按构件数抽查 10%，且不应少于 3 件。

钢管构件外形尺寸的允许偏差和

检验方法 表4-22

项次	项目	允许偏差（mm）	检验方法	图例
1	直径 d	± d/500 ±5.0	用钢尺检查	
2	构件长度 l	±3.0		
3	管口圆度	d/500，且 不应大于5.0		
4	管面对管轴的垂直度	d/500，且 不应大于3.0	用焊缝量规检查	
5	弯曲矢高	l/1500，且 不应大于5.0	用拉线、吊线和钢尺检查	
6	对口错边	t/10，且 不应大于3.0	且拉线和钢尺检查	

注：对方矩形管，d 为长边尺寸。

7. 墙架、檩条、支撑系统钢构件的允许偏差和检验方法应符合表4-23的规定。

检查数量：按构件数抽查 10%，且不应少于
3 件。

墙架、檩条、支撑系统钢构件外形
尺寸的允许偏差和检验方法　　表4-23

项次	项　　目	允许偏差（mm）	检验方法
1	构件长度 l	±4.0	用钢尺检查
2	构件两端最外侧安装孔距离 l_1	±3.0	用钢尺检查
3	构件弯曲矢高	$l/1000$，且不应大于 10.0	用拉线和钢尺检查
4	截面尺寸	+5.0 −2.0	用钢尺检查

注：l 为构件长度。

8. 钢平台、钢梯和防护钢栏杆外形尺寸的允许
偏差和检验方法应符合表4-24 的规定。

检查数量：按构件数抽查 10%，且不应少于
3 件。

钢平台、钢梯和防护钢栏杆外形
尺寸的允许偏差和检验方法

表4-24

项次	项目	允许偏差（mm）	检验方法	图例
1	平台长度和宽度	±5.0	用钢尺检查	
2	平台两对角线差 $\|l_1-l_2\|$	6.0		
3	平台支柱高度	±3.0		
4	平台支柱弯曲矢高	5.0	用拉线和钢尺检查	
5	平台表面平面度（1m范围内）	6.0	用1m直尺和塞尺检查	
6	梯梁长度 l	±5.0	用钢尺检查	
7	钢梯宽度 b	±5.0		

续表

项次	项目	允许偏差 (mm)	检验方法	图例
8	钢梯安装孔距离 a	±3.0	用钢尺检查	
9	钢梯纵向挠曲矢高	l/1000	用拉线和钢尺检查	
10	踏步（棍）间距	±5.0	用钢尺检查	
11	栏杆高度	±5.0		
12	栏杆立柱间距	±10.0		

4.3 钢构件预拼装工程

钢构件预拼装的允许偏差和检验方法应符合表4-25的规定。

检查数量：按预拼装单元全数检查。

钢构件预拼装的允许偏差和
检验方法 表4-25

项次	构件类型	项目	允许偏差 (mm)	检验方法
1	多节柱	预拼装单元总长	±5.0	用钢尺检查

续表

项次	构件类型	项　　目		允许偏差（mm）	检验方法
1	多节柱	预拼装单元弯曲矢高		$l/1500$，且不应大于 10.0	用拉线和钢尺检查
		接口错边		2.0	用焊缝量规检查
		预拼装单元柱身扭曲		$h/200$，且不应大于 5.0	用拉线、吊线和钢尺检查
		顶紧面至任一牛腿距离		±2.0	
2	梁、桁架	跨度最外两端安装孔或两端支承面最外侧距离		+5.0 −10.0	用钢尺检查
		接口截面错位		2.0	用焊缝量规检查
		拱度	设计要求起拱	±$l/5000$	用拉线和钢尺检查
			设计未要求起拱	$l/20000$	
		节点处杆件轴线错位		4.0	划线后用钢尺检查
3	管构件	预拼装单元总长		±5.0	用钢尺检查
		预拼装单元弯曲矢高		$l/1500$，且不应大于 10.0	用拉线和钢尺检查
		对口错边		$t/10$，且不应大于 3.0	用焊缝量规检查
		坡口间隙		+2.0 −1.0	

续表

项次	构件类型	项　目	允许偏差（mm）	检验方法
4	构件平面总体预拼装	各楼层柱距	±4.0	用钢尺检查
		相邻楼层梁与梁之间距离	±3.0	
		各层间框架两对角线之差	$H/2000$，且不应大于5.0	
		任意两对角线之差	$\Sigma H/2000$，且不应大于8.0	

4.4　单层钢结构安装工程

4.4.1　基础与支承面

1. 基础顶面直接作为柱的支承面和基础顶面预埋钢板或支座作为柱的支承面时，其支承面、地脚螺栓（锚栓）位置的允许偏差和检验方法应符合表4-26的规定。

检查数量：按柱基数抽查10%，且不应少于3个。

支承面、地脚螺栓位置允许偏差和

检验方法   表 4-26

项次	项　目		允许偏差 （mm）	检验方法
1	支承面	标高	±3.0	用经纬仪、水准仪、全站仪、全站仪、水平尺和钢尺检查
		水平度	l/1000	
2	地脚螺栓（锚栓）	螺栓中心偏移	5.0	
3	预留孔中心偏移		10.0	

注：l 为支承面长度。

2. 采用坐浆垫板时，坐浆垫板的允许偏差和检验方法应符合表 4-27 的规定。

检查数量：资料全数检查。按柱基数抽查 10%，且不应少于 3 个。

坐浆垫板允许偏差和检验方法   表 4-27

项次	项　目	允许偏差 （mm）	检　验　方　法
1	顶面标高	0.0 −3.0	用水准仪、全站仪、水平尺和钢尺现场实测
2	水平度	l/1000	
3	位置	20.0	

3. 采用杯口基础时，杯口尺寸的允许偏差和检验方法应符合表 4-28 的规定。

检查数量：按基础数抽查10%，且不应少于4处。

杯口尺寸允许偏差和检验方法 表4-28

项次	项 目	允许偏差（mm）	检验方法
1	杯口底面标高	0.0 -5.0	观察及尺量检查
2	杯口深度	±5.0	
3	杯口垂直度	$H/100$，且应不大于10.0	
4	杯口位置	10.0	

注：H 为杯口深度。

4. 地脚螺栓（锚栓）尺寸的偏差和检验方法应符合表4-29的规定。

检查数量：按柱基数抽查10%，且不应少于3个。

地脚螺栓（锚栓）尺寸允许偏差和检验方法 表4-29

项次	项 目	允许偏差（mm）	检验方法
1	螺栓（锚栓）露出长度	+30.0 0.0	用钢尺现场实测
2	螺纹长度	+30.0 0.0	

4.4.2 安装和校正

1. 钢屋（托）架、桁架、梁及受压杆件的垂直度和侧向弯曲矢高的允许偏差和检验方法应符合表4-30的规定。

　　检查数量：按同类构件抽查10%，且不应少于3个。

钢屋（托）架、桁架、梁及受压杆件垂直度和侧向
弯曲矢高的允许偏差和检验方法　表4-30

项次	项目	允许偏差（mm）	图　　例	检验方法
1	跨中的垂直度	$h/250$，且不应大于15.0		用吊线、拉线、经纬仪和钢尺现场实测
2	侧向弯曲矢高 f	$l \leqslant 30\text{m}$ 时 $l/1000$，且不应大于10.0		
		$30\text{m} < l \leqslant 60\text{m}$ 时 $l/1000$，且不应大于30.0		
		$l > 60\text{m}$ 时 $l/1000$，且不应大于50.0		

2. 单层钢结构主体结构的整体垂直度和整体平面弯曲的允许偏差和检验方法应符合表 4-31 的规定。

检查数量：对主要立面全部检查。对每个所检查的立面，除两列角柱外，尚应至少选取一列中间柱。

整体垂直度和整体平面弯曲的允许偏差和检验方法 表 4-31

项次	项 目	允许偏差（mm）	图 例	检验方法
1	主体结构的整体垂直度	$H/1000$，且不应大于 25.0		用经纬仪、全站仪等测量
2	主体结构的整体平面弯曲	$L/1500$，且不应大于 25.0		

3. 钢柱安装的允许偏差和检验方法应符合表4-32 的规定。

检查数量：按钢柱数抽查 10%，且不应少于 3件。

单层钢结构中柱子安装的允许偏差和
检验方法　　　　　　表4-32

项次	项　目	允许偏差（mm）	图　例	检验方法
1	柱脚底座中心线对定位轴线的偏移	5.0		用吊线和钢尺检查
2	柱基准点标高	有吊车梁的柱 +3.0 −5.0 无吊车梁的柱 +5.0 −8.0	基准点	用水准仪检查

续表

项次	项　目		允许偏差 （mm）	图　例	检验方法
3	弯曲矢高		$H/1200$， 且不应大 于 15.0		用经纬仪或拉线和钢尺检查
4	柱轴线垂直度	单层柱	$H \leqslant 10\text{m}$　$H/1000$		用经纬仪或吊线和钢尺检查
			$H > 10\text{m}$　$H/1000$， 且不应大 于 25.0		
		多节柱	单节柱　$H/1000$， 且不应大 于 10.0		
			柱全高　35.0		

4. 钢吊车梁或直接承受动力荷载的类似构件，其安装的允许偏差应符合表 4-33 的规定。

检查数量：按钢吊车梁数抽查 10%，且不应少于 3 榀。

钢吊车梁安装的允许偏差和检验方法　　表 4-33

项次	项 目	允许偏差 (mm)	图 例	检验方法
1	梁的跨中垂直度 Δ	$h/500$		用吊线和钢尺检查
2	侧向弯曲矢高	$l/1500$，且不应大于 10.0		
3	垂直上拱矢高	10.0		
4	两端支座中心位移 Δ	安装在钢柱上时，对牛腿中心的偏移	5.0		用拉线和钢尺检查
		安装在混凝土柱上时，对定位轴线的偏移	5.0		
5	吊车梁支座加劲板中心与柱子承压加劲板中心的偏移 $Δ_1$	$t/2$		用吊线和钢尺检查

续表

项次	项目		允许偏差 (mm)	图例	检验方法
6	同跨间内同一横截面吊车梁顶面高差 Δ	支座处	10.0		用经纬仪、水准仪和钢尺检查
		其他处	15.0		
7	同跨间内同一横截面下挂式吊车梁底面高差 Δ		10.0		
8	同列相邻两柱间吊车梁顶面高差 Δ		$l/1500$，且不应大于 10.0		用水准仪和钢尺检查
9	相邻两吊车梁接头部位 Δ	中心错位	3.0		用钢尺检查
		上承式顶面高差	1.0		
		下承式底面高差	1.0		

续表

项次	项　目	允许偏差（mm）	图　例	检验方法
10	同跨间任一截面的吊车梁中心跨距 Δ	± 10.0		用经纬仪和光电测距仪检查；跨度小时，可用钢尺检查
11	轨道中心对吊车梁腹板轴线的偏移 Δ	$t/2$		用吊线和钢尺检查

5. 檩条、墙架等次要构件安装的允许偏差和检验方法应符合表 4-34 的规定。

　　检查数量：按同类构件数抽查10%，且不应少于3件。

墙架、檩条等次要构件安装
的允许偏差和检验方法 表4-34

项次	项 目		允许偏差 （mm）	检验方法
1	墙架立柱	中心线对定位 轴线的偏移	10.0	用钢尺检查
		垂直度	$H/1000$， 且不应大于10.0	用经纬仪或 吊线和钢尺 检查
		弯曲矢高	$H/1000$， 且不应大于15.0	用经纬仪或 吊线和钢尺检 查
2	抗风桁架的垂直度		$h/250$，且不应大于15.0	用吊线和钢 尺检查
3	檩条、墙梁的间距		±5.0	用钢尺检查
4	檩条的弯曲矢高		$L/750$， 且不应大于12.0	用拉线和钢 尺检查
5	墙梁的弯曲矢高		$L/750$， 且不应大于10.0	用拉线和钢 尺检查

　　注：1. H 为墙架立柱的高度；
　　　　2. h 为抗风桁架的高度；
　　　　3. L 为檩条或墙梁的长度。

　　6. 钢平台、钢梯、防护栏杆安装的允许偏差和检验方法应符合表 4-35 的规定。

检查数量：按钢平台总数抽查 10%，栏杆、钢梯按总长度各抽查 10%，但钢平台不应少于 1 个，栏杆不应少于 5m，钢梯不应少于 1 跑。

<h3 style="text-align:center">钢平台、钢梯和防护栏杆安装的
允许偏差和检验方法　　　表 4-35</h3>

项次	项　目	允许偏差 （mm）	检验方法
1	平台高度	±15.0	用水准仪检查
2	平台梁水平度	$l/1000$，且不应大于 20.0	用水准仪检查
3	平台支柱 垂直度	$H/1000$，且不应大于 15.0	用经纬仪或吊线和钢尺检查
4	承重平台梁 侧向弯曲	$l/1000$，且不应大于 10.0	用拉线和钢尺检查
5	承重平台 梁垂直度	$h/250$，且不应大于 15.0	用吊线和钢尺检查
6	直梯垂直度	$l/1000$，且不应大于 15.0	用吊线和钢尺检查
7	栏杆高度	±15.0	用钢尺检查
8	栏杆立柱间距	±15.0	用钢尺检查

注：1. l 为平台梁的长度；或直梯的长度；
　　2. H 为平台支柱的高度；
　　3. h 为平台梁的高度。

7. 现场焊缝组对间隙的允许偏差和检验方法应符合表 4-36 的规定。

检查数量：按同类节点数抽查 10%，且不应少于 3 个。

现场焊缝组对间隙允许偏差和
检验方法　　　　表 4-36

项次	项　目	允许偏差（mm）	检验方法
1	无垫板间隙	+3.0 0.0	尺量检查
2	有垫板间隙	+3.0 -2.0	

4.5　多层及高层钢结构安装工程

4.5.1　基础和支承面

1. 建筑物的定位轴线、基础上柱的定位轴线和标高、地脚螺栓（锚栓）位移的允许偏差和检验方法应符合表 4-37 的规定。

检查数量：按柱基数抽查 10%，且不应少于 3 个。

建筑物定位轴线、基础上柱的定位轴线和标高、地脚螺栓
（锚栓）的允许偏差和检验方法   表4-37

项次	项目	允许偏差（mm）	图例	检验方法
1	建筑物定位轴线	L/20000，且不应大于3.0		用经纬仪、水准仪、全站仪和钢尺实测
2	基础上柱的定位轴线	1.0		
3	基础上柱底标高	±2.0	基准点	
4	地脚螺栓（锚栓）位移	2.0		

2. 多层建筑以基础顶面直接作为柱的支承面，或以基础顶面预埋钢板或支座作为柱的支承面时，其支承面、地脚螺栓（锚栓）位置的允许偏差的检验方法见表4-26。

检查数量：按柱基数抽查10%，且不应少于3个。

3. 多层建筑采用坐浆垫板时，坐浆垫板的允许偏差和检验方法见表4-27。

检查数量：资料全数检查。按柱基数抽查10%，且不应少于3个。

4. 当采用杯口基础时，杯口尺寸的允许偏差和检验方法见表4-28。

检查数量：按基础数抽查10%，且不应少于4处。

4.5.2 安装和校正

1. 柱子安装的允许偏差和检验方法应符合表4-38的规定。

检查数量：标准柱全部检查；非标准柱抽查10%，且不应少于3根。

柱子安装的允许偏差和检验方法   表4-38

项次	项目	允许偏差（mm）	图例	检验方法
1	底层柱柱底轴线对定位轴线偏移	3.0		用全站仪或激光经纬仪和钢尺实测
2	柱子定位轴线	1.0		
3	单节柱的垂直度	$h/1000$，且不应大于10.0		

2. 钢主梁、次梁及受压构件的垂直度和侧向弯

曲矢高的允许偏差和检验方法见表4-30中有关规定。

检查数量：按同类构件数抽查10%，且不应少于3个。

3. 多层及高层钢结构主体结构的整体垂直度和整体平面弯曲的允许偏差和检验方法应符合表4-39的规定。

整体垂直度和整体平面弯曲的允许偏差和检验方法　　表4-39

项次	项目	允许偏差（mm）	图　例	检验方法
1	主体结构的整体垂直度	（$H/2500$ + 10.0），且不应大于50.0		用激光经纬仪、全程仪测量
2	主体结构的整体平面弯曲	$L/1500$，且不应大于25.0		按产生的允许偏差累计（代数和）计算

检查数量：对主要立面全部检查。对每个所检查的立面，除两列角柱外，尚应至少选取一列中间柱。

4. 钢构件安装的允许偏差和检验方法应符合表 4-40 的规定。

检查数量：按同类构件或节点数抽查 10%。其中柱和梁各不应少于 3 件，主梁与次梁连接节点不应少于 3 个，支承压型金属板的钢梁长度不应少于 5m。

多层及高层钢结构中构件安装的
允许偏差和检验方法

表 4-40

项次	项目	允许偏差（mm）	图　　例	检验方法
1	上、下柱连接处的错口 Δ	3.0		用钢尺检查
2	同一层柱的各柱顶高度差 Δ	5.0		用水准仪检查

续表

项次	项目	允许偏差（mm）	图 例	检验方法
3	同一根梁两端顶面的高差 Δ	$l/1000$，且不应大于 10.0		用水准仪检查
4	主梁与次梁表面的高差 Δ	±2.0		用直尺和钢尺检查
5	压型金属板在钢梁上相邻列的错位 Δ	15.0		用直尺和钢尺检查

5. 多层及高层钢结构主体结构总高度的允许偏

差和检验方法应符合表 4-41 的规定。

　　检查数量：按标准柱列数抽查 10%，且不应少于 4 列。

多层及高层钢结构主体结构总
高度的允许偏差和检验方法　　表 4-41

项次	项目	允许偏差 （mm）	图例	检验方法
1	用相对标高控制安装	$\pm\Sigma\,(\Delta_h +$ $\Delta_z + \Delta_w)$		用全站仪、水准仪和钢尺实测
2	用设计标高控制安装	$H/1000$，且不应大于 30.0 $-H/1000$，且不应小于 -30.0		

　　注：1. Δ_h 为每节柱子长度的制造允许偏差；
　　　　2. Δ_z 为每节柱子长度受荷载后的压缩值；
　　　　3. Δ_w 为每节柱子接头焊缝的收缩值。

　　6. 多层及高层钢结构中钢吊车梁或直接承受动力荷载的类似构件，其安装的允许偏差和检验方法见表 4-33。

　　7. 多层及高层钢结构中檩条、墙架等次要构件安装的允许偏差和检验方法见表 4-34。

8. 多层及高层钢结构中钢平台、钢梯和防护栏杆安装的允许偏差和检验方法见表4-35。

9. 多层及高层钢结构中现场焊缝组对间隙的允许偏差和检验方法见表4-36。

4.6 钢网架结构安装工程

4.6.1 支承面顶板和支承垫块

1. 支承面顶板的位置、标高、水平度以及支座锚栓位置的允许偏差和检验方法应符合表4-42的规定。

支承面顶板、支座锚栓位置允许偏差和检验方法

表4-42

项次	项 目		允许偏差（mm）	检验方法
1	支承面顶板	位置	15.0	用经纬仪、水准仪、水平尺和钢尺实测
		顶面标高	0, −3.0	
		顶面水平度	l/1000	
2	支座锚栓	中心偏移	±5.0	

检查数量：按支座数抽查10%，且不应少于4处。

2. 支座锚栓尺寸的允许偏差和检验方法见表4-29。

检查数量：按支座数抽查10%，且不应少于4处。

4.6.2　总拼与安装

1. 小拼单元的允许偏差和检验方法应符合表4-43 的规定。

检查数量：按单元数抽查5%，且不应少于5个。

2. 中拼单元的允许偏差和检验方法应符合表4-44 的规定。检查数量：全数检查。

小拼单元允许偏差和检验方法　　　表4-43

项次	项　　目			允许偏差（mm）	检验方法
1	节点中心偏移			2.0	用钢尺和拉线等辅助量具实测
2	焊接球节点与钢管中心偏移			1.0	
3	杆件轴线的弯曲矢高			$l_1/1000$，且不应大于5.0	
4	锥体型小拼单元	弦杆长度		±2.0	
		锥体高度		±2.0	
		上弦杆对角线长度		±3.0	
5	平面桁架型小拼单元	跨长	≤24m	+3.0，-7.0	
			>24m	+5.0，-10.0	
		跨中高度		±3.0	
		跨中拱度	起拱	±L/5000	
			未起拱	+10.0	

注：l_1 为杆件长度；L 为跨长。

中拼单元允许偏差和检验方法   表 4-44

项次	项　目		允许偏差（mm）	检验方法
1	单元长度≤20m，拼装长度	单跨 多跨连续	±10.0 ±5.0	用钢尺和辅助量具实测
2	单元长度>20m，拼接长度	单跨 多跨连续	±20.0 ±10.0	

3. 钢网架结构安装的允许偏差和检验方法应符合表 4-45 的规定。

检查数量：除杆件弯曲矢高按杆件数抽查 5% 外，其余全数检查。

钢网架结构安装允许偏差和
检验方法   表 4-45

项次	项目	允许偏差（mm）	检验方法
1	纵向、横向长度	$L/2000$，且不应大于 30.0 $-L/2000$，且不应大于 -30.0	用钢尺实测
2	支座中心偏移	$L/3000$，且不应大于 30.0	用钢尺和经纬仪实测
3	周边支承网架相邻支座高差	$L/400$，且不应大于 15.0	用钢尺和水准仪实测
4	支座最大高差	30.0	
5	多点支承网架相邻支座高差	$L_1/800$，且不应大于 30.0	

注：L 为纵向、横向长度；L_1 为相邻支座间距。

4.7　压型金属板工程

4.7.1　压型金属板制作

1. 压型金属板的尺寸允许偏差和检验方法应符合表 4-46 的规定。

检查数量：按计件数抽查 5%，且不应少于 10 件。

压型金属板尺寸允许偏差和检验方法　　表 4-46

项次	项　　目		允许偏差 （mm）	检验方法
1	波距		±2.0	用拉线和钢 尺检查
2	波高	截面高度≤70	±1.5	
		截面高度＞70	±2.0	
3	侧向弯曲	在测量长度 L_1 的范围内	20.0	

注：L_1 为测量长度，指板长扣除两端各 0.5m 后的实际长度（小于 10m）或扣除后任选的 10m 长度。

2. 压型金属板施工现场制作的允许偏差和检验方法应符合表 4-47 的规定。

检查数量：按计件数抽查 5%，且不应少于 10 件。

压型金属板施工现场制作允许偏差和
检验方法　　　　　　　　　　表 4-47

项次	项　目		允许偏差（mm）	检验方法
1	压型金属板的覆盖宽度	截面高度≤70	+10.0,　-2.0	用钢尺、角尺检查
		截面高度>70	+6.0,　-2.0	
2	板长		±9.0	
3	横向切剪偏差		6.0	
4	泛水板、包角板尺寸	板长	±6.0	
		折弯曲宽度	±3.0	
		折弯曲夹角	2°	

4.7.2　压型金属板安装

　　压型金属板安装的允许偏差和检验方法应符合表 4-48 的规定。

压型金属板安装允许偏差和检验方法　表 4-48

项次	项　目		允许偏差（mm）	检验方法
1	屋面	檐口与屋脊的平行度	12.0	用拉线、吊线和钢尺检查
		压型金属板波纹线对屋脊的垂直度	$L/800$，且不应大于 25.0	
		檐口相邻两块压型金属板端部错位	6.0	
		压型金属板卷边板件最大波浪高	4.0	

续表

项次	项　目		允许偏差（mm）	检验方法
2	墙面	墙板波纹线的垂直度	$H/800$，且不应大于 25.0	用拉线、吊线和钢尺检查
		墙板包角板的垂直度	$H/800$，且不应大于 25.0	
		相邻两块压型金属板下端错位	6.0	

注：L 为屋面半坡或单坡长度；H 为墙面高度。

　　检查数量：檐口与屋脊的平行度：按长度抽查 10%，且不应少于 10m。其他项目：每 20m 长度应抽查 1 处，不应少于 2 处。

5 木结构

5.1 方木与原木结构

1. 方木、原木结构和胶合木结构桁架、梁和柱的制作误差，应符合表5-1的规定。

检查数量：检验批全数。

检验方法：表5-1。

方木、原木结构和胶合木结构桁架、梁和柱
制作允许偏差 表5-1

项次	项目		允许偏差（mm）	检验方法
1	构件截面尺寸	方木和胶合木构件截面的高度、宽度	-3	钢尺量
		板材厚度、宽度	-2	
		原木构件梢径	-5	
2	构件长度	长度不大于15m	±10	钢尺量桁架支座节点中心间距，梁、柱全长
		长度大于15m	±15	

续表

项次	项目		允许偏差（mm）	检验方法
3	桁架高度	长度不大于15m	±10	钢尺量脊节点中心与下弦中心距离
		长度大于15m	±15	
4	受压或压弯构件纵向弯曲	方木、胶合木构件	$L/500$	拉线钢尺量
		原木构件	$L/200$	
5	弦杆节点距离		±5	钢尺量
6	齿连接刻槽深度		±2	
7	支座节点受剪面	长度	−10	
		宽度 方木、胶合木	−3	
		宽度 原木	−4	
8	螺栓中心间距	进孔处	±0.2d	钢尺量
		出孔处 垂直木纹方向	±0.5d 且不大于 $4B/100$	
		出孔处 顺木纹方向	±1d	
9	钉进孔处的中心距离		±1d	—
10	桁架起拱		±20	以两支座节点下弦中心线为准，拉一水平线，用钢尺量
			−10	两跨中下弦中心线与拉线之间距离

注：d 为螺栓或钉的直径；L 为构件长度；B 为板的总厚度。

2. 方木、原木结构和胶合木结构桁架、梁和柱的安装误差，应符合表5-2的规定。

方木、原木结构和胶合木结构桁架、梁和

柱安装允许偏差 表5-2

项次	项目	允许偏差（mm）	检验方法
1	结构中心线的间距	±20	钢尺量
2	垂直度	$H/200$ 且不大于15	吊线钢尺量
3	受压或压弯构件纵向弯曲	$L/300$	吊（拉）线钢尺量
4	支座轴线对支撑面中心位移	10	钢尺量
5	支座标高	±5	用水准仪

注：H 为桁架或柱的高度；L 为构件长度。

检查数量：检验批全数。

检验方法：表5-2。

3. 方木、原木结构和胶合木结构屋面木构架的安装误差，应符合表5-3的规定。

方木、原木结构和胶合木结构屋面木构架的

安装允许偏差 表5-3

项次	项目		允许偏差（mm）	检验方法
1	檩条、椽条	方木、胶合木截面	-2	钢尺量

续表

项次	项目		允许偏差（mm）	检验方法
1	檩条、椽条	原木梢径	−5	钢尺量，椭圆时取大小径的平均值
		间距	−10	钢尺量
		方木、胶合木上表面平直	4	沿坡拉线钢尺量
		原木上表面平直	7	
2	油毡搭接宽度		−10	钢尺量
3	挂瓦条间距		±5	
4	封山、封檐板平直	下边缘	5	拉 10m 线，不足 10m 拉通线，钢尺量
		表面	8	

5.2 胶合木结构

1. 胶合木结构的外观质量对于外观要求为 C 级的构件截面，可允许层板有错位（图 5-1），截面尺寸允许偏差和层板错位应符合表 5-4 的要求。

检查数量：检验批全数。

检验方法：厚薄规（塞尺）、量器、目测。

外观 C 级时的胶合木构件截面的允许偏差（mm）

表 5-4

截面的高度或宽度	截面高度或宽度的允许偏差	错位的最大值
（h 或 b）< 100	±2	4
100 ≤（h 或 b）< 300	±3	5
300 ≤（h 或 b）	±6	6

2. 胶合木构件的制作偏差不应超出表 5-1 的规定。

检查数量：检验批全数。

检验方法：角尺、钢尺丈量，检查交接经验报告。

3. 胶合木结构安装偏差不应超出表 5-2 的规定。

检查数量：过程控制检验批全数，分项验收抽取总数 10% 复检。

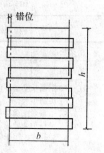

图 5-1　外观 C 级层板
错位示意

b—截面宽度；h—截面高度

检验方法：表5-2。

5.3   轻型木结构

1. 齿板桁架的进场验收，应符合下列规定：

（1）规格材的树种、等级和规格应符合设计文件的规定。

（2）齿板的规格、类型应符合设计文件的规定。

（3）桁架的几何尺寸偏差不应超过表5-5的规定。

桁架制作允许偏差（mm）　　　　　表5-5

	相同桁架间尺寸差	与设计尺寸间的误差
桁架长度	12.5	18.5
桁架高度	6.5	12.5

注：1. 桁架长度指不包括悬挑或外伸部分的桁架总长，用于限定制作误差；
　　2. 桁架高度指不包括悬挑或外伸等上、下弦杆突出部分的全榀桁架最高部位处的高度，为上弦顶面到下弦底面的总高度，用于限定制作误差。

（4）齿板的安装位置偏差不应超过图5-2所示的规定。

（5）齿板连接的缺陷面积，当连接处的构件宽

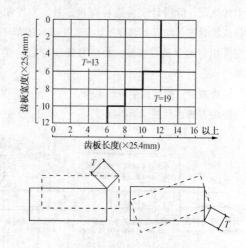

图 5-2 齿板位置偏差允许值

度大于50mm时，不应超过齿板与该构件接触面积的20%；当构件宽度小于50mm时，不应超过齿板与该构件接触面积的10%。缺陷面积应为齿板与构件接触面范围内的木材表面缺陷面积与板齿倒伏面积之和。

（6）齿板连接处木构件的缝隙不应超过图 5-3

所示的规定。除设计文件有特殊规定外，宽度超过允许值的缝隙，均应有宽度不小于 19mm、厚度与缝隙宽度相当的金属片填实，并应有螺纹钉固定在被填塞的构件上。

检查数量：检验批全数的 20%。

检验方法：目测、量器测量。

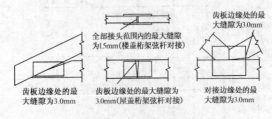

图 5-3　齿板桁架木构件间允许缝隙限值

检查数量：检验批全数。

检验方法：钢尺或卡尺量、目测。

2. 轻型木结构各种构件的制作与安装偏差，不应大于本规范表 5-6 的规定。

检查数量：检验批全数。

检验方法：本规范表 5-6。

轻型木结构的制作安装允许偏差　　表 5-6

项次	项目		允许偏差（mm）	检验方法
1	楼盖主梁、柱子及连接件	楼盖主梁	截面宽度/高度	±6	钢板尺量
			水平度	±1/200	水平尺量
			垂直度	±3	直角尺和钢板尺量
			间距	±6	钢尺量
			拼合梁的钉间距	+30	钢尺量
			拼合梁的各构件的截面高度	±3	钢尺量
			支撑长度	-6	钢尺量
2		柱子	截面尺寸	±3	钢尺量
			拼合柱的钉间距	+30	钢尺量
			柱子长度	±3	钢尺量
			垂直度	±1/200	靠尺量
3		连接件	连接件的间距	±6	钢尺量
			同一排列连接件之间的错位	±6	钢尺量
			构件上安装连接件开槽尺寸	连接件尺寸±3	卡尺量
			端距/边距	±6	钢尺量
			连接钢板的构件开槽尺寸	±6	卡尺量

项次	项目			允许偏差（mm）	检验方法
4	楼（屋）盖施工	楼（屋）盖	搁栅间距	±40	钢尺量
			楼盖整体水平度	±1/250	水平尺量
			楼盖局部水平度	±1/150	水平尺量
			搁栅截面高度	±3	钢尺量
			搁栅支撑长度	−6	钢尺量
5			规定的钉间距	+30	钢尺量
			钉头嵌入楼、屋面板表面的最大深度	+3	卡尺量
6		楼（屋）盖齿板连接桁架	桁架间距	±40	钢尺量
			桁架垂直度	±1/200	直角尺和钢尺量
			齿板安装位置	±6	钢尺量
			弦杆、腹杆、支撑	19	钢尺量
			桁架高度	13	钢尺量
7	墙体施工	墙骨柱	墙骨间距	±40	钢尺量
			墙体垂直度	±1/200	直角尺和钢尺量
			墙体水平度	±1/150	水平尺量
			墙体角度偏差	±1/270	直角尺和钢尺量
			墙骨长度	±3	钢尺量
			单根墙骨柱的出平面偏差	±3	钢尺量

续表

项次	项 目			允许偏差（mm）	检验方法
8	墙体施工	顶梁板、底梁板	顶梁板、底梁板的平直度	+1/150	水平尺量
			顶梁板作为弦杆传递荷载时的搭接长度	±12	钢尺量
9		墙面板	规定的钉间距	+30	钢尺量
			钉头嵌入墙面板表面的最大深度	+3	卡尺量
			木框架上墙面板之间的最大缝隙	+3	卡尺量

6 建筑装饰装修工程

6.1 抹灰工程

6.1.1 一般抹灰工程

一般抹灰工程是指石灰砂浆、水泥砂浆、水泥混合砂浆、聚合物水泥砂浆和麻刀石灰、纸筋石灰、石膏灰等抹灰工程。

一般抹灰工程质量的允许偏差和检验方法应符合表 6-1 的规定。

检查数量：室内每个检验批应至少抽查 10%，并不得少于 3 间；不足 3 间全数检查。室外每个检验批每 100m² 应至少抽查一处，每处不得小于 10m²。

6.1.2 装饰抹灰工程

装饰抹灰工程是指水刷石、斩假石、干粘石、假面砖等抹灰工程。

装饰抹灰工程质量的允许偏差和检验方法应符合表 6-2 的规定。

检查数量同一般抹灰工程。

一般抹灰的允许偏差和检验方法 表 6-1

项次	项目	允许偏差（mm）		检验方法
		普通抹灰	高级抹灰	
1	立面垂直度	4	3	用 2m 垂直检测尺检查
2	表面平整度	4	3	用 2m 靠尺和塞尺检查
3	阴阳角方正	4	3	用直角检测尺检查
4	分格条（缝）直线度	4	3	拉 5m 线，不足 5m 拉通线，用钢直尺检查
5	墙裙、勒脚上口直线度	4	3	拉 5m 线，不足 5m 拉通线，用钢直尺检查

装饰抹灰的允许偏差和检验方法 表 6-2

项次	项目	允许偏差（mm）				检验方法
		水刷石	斩假石	干粘石	假面砖	
1	立面垂直度	5	4	5	5	用 2m 垂直检测尺检查
2	表面平整度	3	3	5	4	用 2m 靠尺和塞尺检查
3	阳角方正	3	3	4	4	用直角检测尺检查

续表

项次	项　目	允许偏差（mm）				检验方法
		水刷石	斩假石	干粘石	假面砖	
4	分格条（缝）直线度	3	3	3	3	拉5m线，不足5m拉通线，用钢直尺检查
5	墙裙、勒脚上口直线度	3	3	—	—	拉5m线，不足5m拉通线，用钢直尺检查

6.2　门窗工程

6.2.1　木门窗制作与安装工程

1. 木门窗制作的允许偏差和检验方法应符合表6-3的规定。

2. 木门窗安装的留缝限值、允许偏差和检验方法应符合表6-4的规定。

检查数量：每个检验批应至少抽查5%，并不得少于3樘，不足3樘时应全数检查；高层建筑的外窗，每个检验批应至少抽查10%，并不得少于6樘，不足6樘时应全数检查。

木门窗制作的允许偏差和检验方法 表 6-3

项次	项　目	构件名称	允许偏差（mm）		检验方法
			普通	高级	
1	翘曲	框	3	2	将框、扇平放在检查平台上，用塞尺检查
		扇	2	2	
2	对角线长度差	框、扇	3	2	用钢尺检查，框量裁口里角，扇量外角
3	表面平整度	扇	2	2	用 1m 靠尺和塞尺检查
4	高度、宽度	框	0；－2	0；－1	用钢尺检查，框量裁口里角，扇量外角
		扇	＋2；0	＋1；0	
5	裁口、线条结合处高低差	框、扇	1	0.5	用钢直尺和塞尺检查
6	相邻棂子两端间距	扇	2	1	用钢直尺检查

木门窗安装的留缝限值、允许偏差和检验方法 表 6-4

项次	项　目	留缝限值（mm）		允许偏差（mm）		检验方法
		普通	高级	普通	高级	
1	门窗槽口对角线长度差	—	—	3	2	用钢尺检查

项次	项　目	留缝限值（mm）		允许偏差（mm）		检验方法
		普通	高级	普通	高级	
2	门窗框的正、侧面垂直度	—	—	2	1	用 1m 垂直检测尺检查
3	框与扇、扇与扇接缝高低差	—	—	2	1	用钢直尺和塞尺检查
4	门窗扇对口缝	1～2.5	1.5～2	—	—	用塞尺检查
5	工业厂房双扇大门对口缝	2～5		—	—	
6	门窗扇与上框间留缝	1～2	1～1.5	—	—	
7	门窗扇与侧框间留缝	1～2.5	1～1.5	—	—	
8	窗扇与下框间留缝	2～3	2～2.5	—	—	
9	门扇与下框间留缝	3～5	3～4	—	—	
10	双层门窗内外框间距	—	—	4	3	用钢尺检查
11	无下框时门扇与地面间留缝　外门	4～7	5～6	—	—	用塞尺检查
	内门	5～8	6～7	—	—	
	卫生间门	8～12	8～10	—	—	
	厂房大门	10～20	—	—	—	

6.2.2 金属门窗安装工程

金属门窗包括钢门窗、铝合金门窗、涂色镀锌钢板门窗等。

1. 钢门窗安装的留缝限值、允许偏差和检验方法应符合表6-5的规定。

钢门窗安装的留缝限值、允许
偏差和检验方法　　　　表6-5

项次	项　　目		留缝限值（mm）	允许偏差（mm）	检验方法
1	门窗槽口宽度、高度	≤1500mm	—	2.5	用钢尺检查
		>1500mm	—	3.5	
2	门窗槽口对角线长度差	≤2000mm	—	5	用钢尺检查
		>2000mm	—	6	
3	门窗框的正、侧面垂直度		—	3	用1m垂直检测尺检查
4	门窗横框的水平度		—	3	用1m水平尺和塞尺检查
5	门窗横框标高		—	5	用钢尺检查
6	门窗竖向偏离中心		—	4	用钢尺检查
7	双层门窗内外框间距		—	5	用钢尺检查
8	门窗框、扇配合间隙		≤2		用塞尺检查
9	无下框时门扇与地面间留缝		4~8		用塞尺检查

2. 铝合金门窗安装的允许偏差和检验方法应符合表6-6的规定。

铝合金门窗安装的允许

| 偏差和检验方法 | | | 表6-6 |

项次	项　目		允许偏差 （mm）	检验方法
1	门窗槽口 宽度、高度	≤1500mm	1.5	用钢尺检查
		>1500mm	2	
2	门窗槽口 对角线长 度差	≤2000mm	3	用钢尺检查
		>2000mm	4	
3	门窗框的正、侧面垂 直度		2.5	用垂直检测尺 检查
4	门窗横框的水平度		2	用1m水平尺和塞 尺检查
5	门窗横框标高		5	用钢尺检查
6	门窗竖向偏离中心		5	用钢尺检查
7	双层门窗内外框间距		4	用钢尺检查
8	推拉门窗扇与框搭 接量		1.5	用钢直尺检查

3. 涂色镀锌钢板门窗安装的允许偏差和检验方法应符合表6-7的规定。

检查数量同木门窗制作与安装工程。

涂色镀锌钢板门窗安装的允许
偏差和检验方法　　表6-7

项次	项　　目		允许偏差（mm）	检　验　方　法
1	门窗槽口宽度、高度	≤1500mm	2	用钢尺检查
		>1500mm	3	
2	门窗槽口对角线长度差	≤2000mm	4	用钢尺检查
		>2000mm	5	
3	门窗框的正、侧面垂直度		3	用垂直检测尺检查
4	门窗横框的水平度		3	用1m水平尺和塞尺检查
5	门窗横框标高		5	用钢尺检查
6	门窗竖向偏离中心		5	用钢尺检查
7	双层门窗内外框间距		4	用钢尺检查
8	推拉门窗扇与框搭接量		2	用钢直尺检查

6.2.3　塑料门窗安装工程

　　塑料门窗安装的允许偏差和检验方法应符合表6-8的规定。

　　检查数量同木门窗制作与安装工程。

塑料门窗安装的允许偏差和检验方法   表6-8

项次	项 目		允许偏差（mm）	检验方法
1	门窗槽口宽度、高度	≤1500mm	2	用钢尺检查
		>1500mm	3	
2	门窗槽口对角线长度差	≤2000mm	3	用钢尺检查
		>2000mm	5	
3	门窗框的正、侧面垂直度		3	用1m垂直检测尺检查
4	门窗横框的水平度		3	用1m水平尺和塞尺检查
5	门窗横框标高		5	用钢尺检查
6	门窗竖向偏离中心		5	用钢直尺检查
7	双层门窗内外框间距		4	用钢尺检查
8	同樘平开门窗相邻扇高度差		2	用钢直尺检查
9	平开门窗铰链部位配合间隙		+2；−1	用塞尺检查
10	推拉门窗扇与框搭接量		+1.5；−2.5	用钢直尺检查
11	推拉门窗扇与竖框平行度		2	用1m水平尺和塞尺检查

6.2.4 特种门安装工程

特种门包括防火门、防盗门、自动门、全玻门、旋转门、金属卷帘门等。

1. 推拉自动门安装的留缝限值、允许偏差和检验方法应符合表6-9的规定。

推拉自动门安装的留缝限值、允许偏差和检验方法 表6-9

项次	项 目		留缝限值（mm）	允许偏差（mm）	检验方法
1	门槽口宽度、高度	≤1500mm	—	1.5	用钢尺检查
		>1500mm	—	2	
2	门槽口对角线长度差	≤2000mm	—	2	用钢尺检查
		>2000mm	—	2.5	
3	门框的正、侧面垂直度		—	1	用1m垂直检测尺检查
4	门构件装配间隙		—	0.3	用塞尺检查
5	门梁导轨水平度		—	1	用1m水平尺和塞尺检查
6	下导轨与门梁导轨平行度		—	1.5	用钢尺检查
7	门扇与侧框间留缝		1.2~1.8	—	用塞尺检查
8	门扇对口缝		1.2~1.8	—	用塞尺检查

2. 旋转门安装的允许偏差和检验方法应符合表

6-10的规定。

旋转门安装的允许偏差和检验方法　　表6-10

项次	项　目	允许偏差（mm）		检验方法
		金属框架玻璃旋转门	木质旋转门	
1	门扇正、侧面垂直度	1.5	1.5	用1m垂直检测尺检查
2	门扇对角线长度差	1.5	1.5	用钢尺检查
3	相邻扇高度差	1	1	用钢尺检查
4	扇与圆弧边留缝	1.5	2	用塞尺检查
5	扇与上顶间留缝	2	2.5	用塞尺检查
6	扇与地面间留缝	2	2.5	用塞尺检查

检查数量：每个检验批应至少抽查50%，并不得少于10樘，不足10樘时应全数检查。

6.3　吊顶工程

6.3.1　暗龙骨吊顶工程

暗龙骨吊顶工程是指以轻钢龙骨、铝合金龙骨、木龙骨等为骨架，以石膏板、金属板、矿棉板、木

板、塑料板或格栅等为饰面材料的吊顶工程，其龙
骨被饰面材料所遮盖。

暗龙骨吊顶工程安装的允许偏差和检验方法应
符合表 6-11 的规定。

暗龙骨吊顶工程安装的允许
偏差和检验方法　　　　　表 6-11

项次	项　目	允　许　偏　差（mm）				检验方法
		纸面石膏板	金属板	矿棉板	木板、塑料板、格栅	
1	表面平整度	3	2	2	2	用 2m 靠尺和塞尺检查
2	接缝直线度	3	1.5	3	3	拉 5m 线，不足 5m 拉通线，用钢直尺检查
3	接缝高低差	1	1	1.5	1	用钢直尺和塞尺检查

检查数量：每个检验批应至少抽查 10%，并不
得少于 3 间；不足 3 间时应全数检查。

6.3.2　明龙骨吊顶工程

明龙骨吊顶工程是指以轻钢龙骨、铝合金龙骨、
木龙骨等为骨架，以石膏板、金属板、矿棉板、塑
料板、玻璃板或格栅等为饰面材料的吊顶工程，部

分龙骨外露。

明龙骨吊顶工程安装的允许偏差和检验方法应符合表6-12的规定。

明龙骨吊顶工程安装的允许
偏差和检验方法　　　　　表6-12

项次	项　目	允 许 偏 差（mm）				检验方法
		石膏板	金属板	矿棉板	塑料板、玻璃板	
1	表面平整度	3	2	3	3	用2m靠尺和塞尺检查
2	接缝直线度	3	2	3	3	拉5m线，不足5m拉通线，用钢直尺检查
3	接缝高低差	1	1	2	1	用钢直尺和塞尺检查

检查数量：每个检验批应至少抽查10%，并不得少于3间；不足3间时应全数检查。

6.4　轻质隔墙工程

6.4.1　板材隔墙工程

板材隔墙工程是指复合轻质墙板、石膏空心板、预制或现制的钢丝网水泥板等隔墙工程。

板材隔墙安装的允许偏差和检验方法应符合表6-13的规定。

板材隔墙安装的允许偏差
和检验方法　　　　　　表6-13

项次	项目	允许偏差（mm）				检验方法
		复合轻质隔板		石膏空心板	钢丝网水泥板	
		金属夹芯板	其他复合板			
1	立面垂直度	2	3	3	3	用2m垂直检测尺检查
2	表面平整度	2	3	3	3	用2m靠尺和塞尺检查
3	阴阳角方正	3	3	3	3	用直角检测尺检查
4	接缝高低差	1	2	2	2	用钢直尺和塞尺检查

检查数量：每个检验批应至少抽查10%，并不得少于3间；不足3间时应全数检查。

6.4.2 骨架隔墙工程

骨架隔墙工程是指以轻钢龙骨、木龙骨等为骨架，以纸面石膏板、人造木板、水泥纤维板等为面板的隔墙工程。

骨架隔墙安装的允许偏差和检验方法应符合表6-14的规定。检查数量同板材隔断工程。

骨架隔墙安装的允许偏差
和检验方法

表6-14

项次	项目	允许偏差（mm）		检验方法
		纸面石膏板	人造木板、水泥纤维板	
1	立面垂直度	3	4	用2m垂直检测尺检查
2	表面平整度	3	3	用2m靠尺和塞尺检查
3	阴阳角方正	3	3	用直角检测尺检查
4	接缝直线度	—	3	拉5m线，不足5m拉通线，用钢直尺检查
5	压条直线度	—	3	拉5m线，不足5m拉通线，用钢直尺检查
6	接缝高低差	1	1	用钢直尺和塞尺检查

6.4.3   活动隔墙工程

活动隔墙安装的允许偏差和检验方法应符合表6-15的规定。

检查数量：每个检验批应至少抽查20%，并不得少于6间；不足6间时应全数检查。

活动隔墙安装的允许偏差
和检验方法   表6-15

项次	项　目	允许偏差（mm）	检　验　方　法
1	立面垂直度	3	用2m垂直检测尺检查
2	表面平整度	2	用2m靠尺和塞尺检查
3	接缝直线度	3	拉5m线，不足5m拉通线，用钢直尺检查
4	接缝高低差	2	用钢直尺和塞尺检查
5	接缝宽度	2	用钢直尺检查

6.4.4 玻璃隔墙工程

玻璃隔墙安装的允许偏差和检验方法应符合表6-16的规定。检查数量同活动隔墙工程。

玻璃隔墙安装的允许偏差
和检验方法   表6-16

项次	项　目	允许偏差（mm）		检　验　方　法
		玻璃砖	玻璃板	
1	立面垂直度	3	2	用2m垂直检测尺检查
2	表面平整度	3	—	用2m靠尺和塞尺检查
3	阴阳角方正		2	用直角检测尺检查
4	接缝直线度		2	拉5m线，不足5m拉通线，用钢直尺检查

续表

项次	项目	允许偏差（mm）		检验方法
		玻璃砖	玻璃板	
5	接缝高低差	3	2	用钢直尺和塞尺检查
6	接缝宽度	—	1	用钢直尺检查

6.5　饰面板（砖）工程

6.5.1　饰面板安装工程

饰面板安装的允许偏差和检验方法应符合表6-17的规定。

饰面板安装的允许偏差和检验方法　表6-17

项次	项目	允许偏差（mm）							检验方法
		石材			瓷板	木材	塑料	金属	
		光面	剁斧石	蘑菇石					
1	立面垂直度	2	3	3	2	1.5	2	2	用2m垂直检测尺检查
2	表面平整度	2	3	—	1.5	1	3	3	用2m靠尺和塞尺检查
3	阴阳角方正	2	4	4	2	1.5	3	3	用直角检测尺检查

续表

项次	项　目	允许偏差（mm）							检验方法
		石　材			瓷板	木材	塑料	金属	
		光面	剁斧石	蘑菇石					
4	接缝直线度	2	4	4	2	1	1	1	拉 5m 线，不足 5m 拉通线，用钢直尺检查
5	墙裙、勒脚上口直线度	2	3	3	2	2	2	2	拉 5m 线，不足 5m 拉通线，用钢直尺检查
6	接缝高低差	0.5	3	—	0.5	0.5	1	1	用钢直尺和塞尺检查
7	接缝宽度	1	2	2	1	1	1	1	用钢直尺检查

检查数量：室内每个检验批应至少检查 10%，并不得少于 3 间；不足 3 间时应全数检查。室外每个检验批每 100m² 应至少抽查一处，每处不得小于 10m²。

6.5.2　饰面砖粘贴工程

饰面砖粘贴的允许偏差和检验方法应符合表 6-18 的规定。检查数量同饰面板安装工程。

饰面砖粘贴的允许偏差和检验方法   表6-18

项次	项 目	允许偏差（mm）		检 验 方 法
		外墙面砖	内墙面砖	
1	立面垂直度	3	2	用2m垂直检测尺检查
2	表面平整度	4	3	用2m靠尺和塞尺检查
3	阴阳角方正	3	3	用直角检测尺检查
4	接缝直线度	3	2	拉5m线，不足5m拉通线，用钢直尺检查
5	接缝高低差	1	0.5	用钢直尺和塞尺检查
6	接缝宽度	1	1	用钢直尺检查

6.6 幕墙工程

6.6.1 玻璃幕墙工程

玻璃幕墙包括隐框玻璃幕墙、半隐框玻璃幕墙、明框玻璃幕墙、全玻幕墙及点支承玻璃幕墙等。

1. 隐框、半隐框玻璃幕墙安装的允许偏差和检验方法应符合表6-19的规定。

隐框、半隐框玻璃幕墙安装的
允许偏差和检验方法   表 6-19

项次	项 目		允许偏差（mm）	检验方法
1	幕墙垂直度	幕墙高度≤30m	10	用经纬仪检查
		30m＜幕墙高度≤60m	15	
		60m＜幕墙高度≤90m	20	
		幕墙高度＞90m	25	
2	幕墙水平度	层高≤3m	3	用水平仪检查
		层高＞3m	5	
3	幕墙表面平整度		2	用2m靠尺和塞尺检查
4	板材立面垂直度		2	用垂直检测尺检查
5	板材上沿水平度		2	用1m水平尺和钢直尺检查
6	相邻板材板角错位		1	用钢直尺检查
7	阳角方正		2	用直角检测尺检查
8	接缝直线度		3	拉5m线，不足5m拉通线，用钢直尺检查
9	接缝高低差		1	用钢直尺和塞尺检查
10	接缝宽度		1	用钢直尺检查

检查数量：每个检验批每100m²应至少抽查一处，每处不得小于10m²。对于异型或有特殊要求的幕墙工程，应根据幕墙的结构和工艺特点，由监理单位（或建设单位）和施工单位协商确定。

2. 明框玻璃幕墙安装的允许偏差和检验方法应符合表6-20的规定。

检查数量同隐框、半隐框玻璃幕墙。

**明框玻璃幕墙安装的允许
偏差和检验方法**   表6-20

项次	项 目		允许偏差（mm）	检验方法
1	幕墙垂直度	幕墙高度≤30m	10	用经纬仪检查
		30m＜幕墙高度≤60m	15	
		60m＜幕墙高度≤90m	20	
		幕墙高度＞90m	25	
2	幕墙水平度	幕墙幅宽≤35m	5	用水平仪检查
		幕墙幅宽＞35m	7	
3	构件直线度		2	用2m靠尺和塞尺检查
4	构件水平度	构件长度≤2m	2	用水平仪检查
		构件长度＞2m	3	

续表

项次	项 目		允许偏差（mm）	检验方法
5	相邻构件错位		1	用钢直尺检查
6	分格框对角线长度差	对角线长度≤2m	3	用钢尺检查
		对角线长度>2m	4	

6.6.2 金属幕墙工程

金属幕墙安装的允许偏差和检验方法应符合表6-21的规定。

检查数量同玻璃幕墙工程。

金属幕墙安装的允许偏差
和检验方法　　　　　　　表6-21

项次	项 目		允许偏差（mm）	检验方法
1	幕墙垂直度	幕墙高度≤30m	10	用经纬仪检查
		30m<幕墙高度≤60m	15	
		60m<幕墙高度≤90m	20	
		幕墙高度>90m	25	
2	幕墙水平度	层高≤3m	3	用水平仪检查
		层高>3m	5	

项次	项　目	允许偏差（mm）	检验方法
3	幕墙表面平整度	2	用2m靠尺和塞尺检查
4	板材立面垂直度	3	用垂直检测尺检查
5	板材上沿水平度	2	用1m水平尺和钢直尺检查
6	相邻板材板角错位	1	用钢直尺检查
7	阳角方正	2	用直角检测尺检查
8	接缝直线度	3	拉5m线，不足5m拉通线，用钢直尺检查
9	接缝高低差	1	用钢直尺和塞尺检查
10	接缝宽度	1	用钢直尺检查

6.6.3　石材幕墙工程

石材幕墙安装的允许偏差和检验方法应符合表6-22的规定。

检查数量同玻璃幕墙工程。

石材幕墙安装的允许偏差和检验方法　　　表6-22

项次	项　　目		允许偏差（mm）		检验方法
			光面	麻面	
1	幕墙垂直度	幕墙高度≤30m	10		用经纬仪检查
		30m＜幕墙高度≤60m	15		
		60m＜幕墙高度≤90m	20		
		幕墙高度＞90m	25		
2	幕墙水平度		3		用水平仪检查
3	板材立面垂直度		3		用水平仪检查
4	板材上沿水平度		2		用1m水平尺和钢直尺检查
5	相邻板材板角错位		1		用钢直尺检查
6	幕墙表面平整度		2	3	用垂直检测尺检查
7	阳角方正		2	4	用直角检测尺检查
8	接缝直线度		3	4	拉5m线，不足5m拉通线，用钢直尺检查
9	接缝高低差		1	—	用钢直尺和塞尺检查
10	接缝宽度		1	2	用钢直尺检查

6.7　涂饰工程

装饰线、分色线直线度允许偏差：普通涂饰为2mm；高级涂饰为1mm。

检查数量：室外涂饰工程每100m² 应至少检查一处，每处不得小于10m。室内涂饰工程每个检验批至少抽查10%，并不得少于3间；不足3间全数检查。

检验方法：拉5m线，不足5m拉通线，用钢直尺检查。

6.8　裱糊与软包工程

软包工程安装的允许偏差和检验方法应符合表6-23的规定。

检查数量：每个检验批至少抽查20%，并不得少于6间；不足6间时应全数检查。

软包工程安装的允许偏差和检验方法 表6-23

项次	项目	允许偏差（mm）	检验方法
1	垂直度	3	用1m垂直检测尺检查
2	边框宽度、高度	0；-2	用钢尺检查
3	对角线长度差	3	用钢尺检查
4	裁口、线条接缝高低差	1	用钢直尺和塞尺检查

6.9 细部工程

6.9.1 橱柜制作与安装工程

橱柜安装的允许偏差和检验方法应符合表6-24的规定。

橱柜安装的允许偏差和检验方法 表6-24

项次	项目	允许偏差（mm）	检验方法
1	外型尺寸	3	用钢尺检查
2	立面垂直度	2	用1m垂直检测尺检查
3	门与框架的平行度	2	用钢尺检查

检查数量：每个检验批至少抽查3处，不足3处时应全数检查。

6.9.2 窗帘盒、窗台板和散热器罩制作与安装工程

窗帘盒、窗台板和散热器罩安装的允许偏差和检验方法应符合表6-25的规定。检查数量同橱柜制作与安装工程。

窗帘盒、窗台板和散热器罩安装的
允许偏差和检验方法   表6-25

项次	项 目	允许偏差（mm）	检验方法
1	水平度	2	用1m水平尺和塞尺检查
2	上口、下口直线度	3	拉5m线，不足5m拉通线，用钢直尺检查
3	两端距窗洞口长度差	2	用钢直尺检查
4	两端出墙厚度差	3	用钢直尺检查

6.9.3 门窗套制作与安装工程

门窗套安装的允许偏差和检验方法应符合表6-26的规定。

检查数量：每个检验批应至少抽查3间（处），不足3间（处）时应全数检查。

门窗套安装的允许偏差和检验方法　表 6-26

项次	项　目	允许偏差（mm）	检验方法
1	正、侧面垂直度	3	用 1m 垂直检测尺检查
2	门窗套上口水平度	1	用 1m 水平检测尺和塞尺检查
3	门窗套上口直线度	3	拉 5m 线，不足 5m 拉通线，用钢直尺检查

6.9.4　护栏和扶手制作与安装工程

护栏和扶手安装的允许偏差和检验方法应符合表 6-27 的规定。

护栏和扶手安装的允许偏差
和检验方法　　　　表 6-27

项次	项　目	允许偏差（mm）	检验方法
1	护栏垂直度	3	用 1m 垂直检测尺检查
2	栏杆间距	3	用钢尺检查
3	扶手直线度	4	拉通线，用钢直尺检查
4	扶手高度	3	用钢尺检查

检查数量：每个检验批的护栏和扶手应全部检查。

6.9.5　花饰制作与安装工程

花饰安装的允许偏差和检验方法应符合表 6-28 的规定。

花饰安装的允许偏差和检验方法　　表 6-28

项次	项　　目		允许偏差（mm）		检验方法
			室内	室外	
1	条型花饰的水平度或垂直度	每米	1	2	拉线，用 1m 垂直检测尺检查
		全长	3	6	
2	单独花饰中心位置偏移		10	15	拉线，用钢直尺检查

检查数量：室外每个检验批应全部检查。室内每个检验批应至少抽查 3 间（处）；不足 3 间（处）时应全数检查。

7 建筑地面工程

7.1 基 本 规 定

建筑地面工程施工质量的检验,应符合下列规定:

1. 基层(各构造层)和各类面层的分项工程的施工质量验收应按每一层次或每层施工段(或变形缝)划分检验批,高层建筑的标准层可按每三层(不足三层按三层计)划分检验批;

2. 每检验批应以各子分部工程的基层(各构造层)和各类面层所划分的分项工程按自然间(或标准间)检验,抽查数量应随机检验不应少于3间;不足3间,应全数检查;其中走廊(过道)应以10延长米为1间,工业厂房(按单跨计)、礼堂、门厅应以两个轴线为1间计算;

3. 有防水要求的建筑地面子分部工程的分项工程施工质量每检验批抽查数量应按其房间总数随机检验不应少于4间,不足4间,应全数检查。

7.2　基层铺设

适用于基土、垫层、找平层、隔离层、绝热层和填充层等基层分项工程的施工质量检验。

基土表面的允许偏差应符合表7-1的规定。

检验方法：按表7-1中的检验方法检验。

检查数量：按7-1基本规定的检验批检查。

7.3　整体面层铺设

适用于水泥混凝土（含细石混凝土）面层、水泥砂浆面层、水磨石面层、硬化耐磨面层、防油渗面层、不发火（防爆）面层、自流平面层、涂料面层、塑胶面层、地面辐射供暖的整体面层等面层分项工程的施工质量检验。

1. 面层表面应洁净，不应有裂纹、脱皮、麻面、起砂等缺陷。坡度应按设计要求。

检验方法：观察检查。

检查数量：按7.1基本规定的检验批检查。

表 7-1

基层表面的允许偏差和检验方法

允许偏差（mm）

项次	项目	垫层					找平层				填充层		隔离层	绝热层	检验方法
		基土	砂土、砂石、碎石、碎砖	灰土、三合土、四合土、炉渣、水泥混凝土、陶粒混凝土	拼花实木地板、拼花实木复合地板、软木类地板面层（垫层地板）	其他种类木搁栅、软木类地板面层（垫层地板）	用胶结料做结合层铺设板块面层	用水泥砂浆做结合层铺设板块面层	用胶粘剂做结合层铺设拼花木板、浸渍纸层压木质地板、实木复合地板、竹地板、软木地板面层	金属板面层	板块材料	松散材料	防水、防潮、防油渗	板块材料、浇筑材料、喷涂材料	
1	表面平整度	15	15	10	3	3	3	5	2	3	5	7	3	4	用2m靠尺和楔形塞尺检查
2	标高	0, −50	±20	±10	±5	±8	±5	±8	±4	±4	±4	±4	±4	±4	用水准仪检查
3	坡度	不大于房间相应尺寸的 2/1000，且不大于 30													用坡度尺检查
4	厚度	在个别地方不大于设计厚度的 1/10，且不大于 20													用钢尺检查

2. 整体面层的允许偏差和检验方法应符合表 7-2 的规定。

整体面层的允许偏差和检验方法   表 7-2

项次	项目	允许偏差（mm）									检验方法
		水泥混凝土面层	水泥砂浆面层	普通水磨石面层	高级水磨石面层	硬化耐磨面层	防油渗混凝土和不发火（防爆）面层	自流平面层	涂料面层	塑胶面层	
1	表面平整度	5	4	3	2	4	5	2	2	2	用 2m 靠尺和楔形塞尺检查
2	踢脚线上口平直	4	4	3	3	4	4	3	3	3	拉 5m 线和用钢尺检查
3	缝格顺直	3	3	3	2	3	3	2	2	2	

检查数量：按 7.1 基本规定。

7.4 板块面层铺设

适用于砖面层、大理石和花岗石面层、预制板块面层、料石面层、塑料板面层、活动地板面层、金属板面层、地毯面层、地面辐射供暖的板块面层等面层分项工程的施工质量验收。

1. 板块面层的允许偏差和检验方法应符合表 7-3 的规定。

板、块面层的允许偏差和检验方法 表 7-3

项次	项目	允许偏差（mm）										检验方法
		陶瓷锦砖面层、高级水磨石板、陶瓷地砖面层	缸砖面层	水泥花砖面层	水磨石板块面层	大理石面层、花岗石面层、人造面层、金属板面层	塑料板面层	水泥混凝土板块层	碎拼大理石、碎拼花岗石面层	活动地板面层	条石面层	块石面层	
1	表面平整度	2.0	4.0	3.0	3.0	1.0	2.0	4.0	3.0	2.0	10	10	用2m靠尺和楔形塞尺检查

续表

项次	项目	允许偏差(mm)											检验方法
		陶瓷锦砖面层、高级水磨石板、陶瓷地砖面层	缸砖面层	水泥花砖面层	水磨石板块面层	大理石面层、花岗石面层、人造石面层、金属板面层	塑料板面层	水泥混凝土板块面层	碎拼大理石、碎拼花岗石面层	活动地板面层	条石面层	块石面层	
2	缝格平直	3.0	3.0	3.0	3.0	2.0	3.0	3.0	—	2.5	8.0	8.0	拉5m线和用钢尺检查
3	接缝高低差	0.5	1.5	0.5	1.0	0.5	0.5	1.5	—	0.4	2.0	—	用钢尺和楔形塞尺检查
4	踢脚线上口平直	3.0	4.0	—	4.0	—	2.0	4.0	1.0	—	—	—	拉5m线和用钢尺检查
5	板块间隙宽度	2.0	2.0	2.0	2.0	1.0	—	6.0	—	0.3	5.0	—	用钢尺检查

检查数量:按7.1基本规定。

2. 地毯同其他面层连接处、收口处和墙边、柱子周围应顺直、压紧。

检验方法:观察检查。

检查数量:按 7.1 基本规定。

7.5 木、竹面层铺设

适用于实木地板面层、实木集成地板面层、竹地板面层、实木复合地板面层、浸渍纸层压木质地板面层、软木类地板面层、地面辐射供暖的木板面层等(包括免刨、免漆类)面层分项工程的施工质量检验。

木、竹面层的允许偏差和检验方法应符合表 7-4 的规定。

木、竹面层的允许偏差和检验方法 表 7-4

项次	项 目	允许偏差（mm）				检验方法
		实木地板、实木集成地板、竹地板面层			浸渍纸层压木质地板、实木复合地板、软木类地板面层	
		松木地板	硬木地板、竹地板	拼花地板		
1	板面缝隙宽度	1.0	0.5	0.2	0.5	用钢尺检查
2	表面平整度	3.0	2.0	2.0	2.0	用2m靠尺和楔形塞尺检查

续表

项次	项　目	允许偏差（mm）				检验方法
		实木地板、实木集成地板、竹地板面层			浸渍纸层压木质地板、实木复合地板、软木类地板面层	
		松木地板	硬木地板、竹地板	拼花地板		
3	踢脚线上口平齐	3.0	3.0	3.0	3.0	拉5m线和用钢尺检查
4	板面拼缝平直	3.0	3.0	3.0	3.0	
5	相邻板材高差	0.5	0.5	0.5	0.5	用钢尺和楔形塞尺检查
6	踢脚线与面层的接缝	1.0				楔形塞尺检查

检验数量：按7.1基本规定。

8 屋面工程

8.1 基本规定

屋面工程各分项工程宜按屋面面积每 500m² ～ 1000m² 划分为一个检验批，不足 500m² 应按一个检验批。

8.2 基层与保护工程

1. 适用于与屋面保温层、防水层相关的找坡层、找平层、隔汽层、隔离层、保护层等分项工程的施工质量验收。

2. 基层与保护工程各分项工程每个检验批的抽检数量，应按屋面面积每 100m² 抽查一处，每处应为 10m²，且不得少于 3 处。

8.2.1 找坡层和找平层

找坡层表面平整度的允许偏差为 7mm，找平层表面平整度的允许偏差为 5mm。

检验方法：2m 靠尺和塞尺检查。

8.2.2 保护层

保护层的允许偏差和检验方法应符合表 8-1 的规定。

保护层的允许偏差和检验方法   表 8-1

项　目	允许偏差（mm）			检验方法
	块体材料	水泥砂浆	细石混凝土	
表面平整度	4.0	4.0	5.0	2m 靠尺和塞尺检查
缝格平直	3.0	3.0	3.0	拉线和尺量检查
接缝高低差	1.5	—	—	直尺和塞尺检查
板块间隙宽度	2.0	—	—	尺量检查
保护层厚度	设计厚度的 10%，且不得大于 5mm			钢针插入和尺量检查

8.3 保温与隔热层

1. 适用于板状材料、纤维材料、喷涂硬泡聚氨酯、现浇泡沫混凝土保温层和种植、架空、蓄水隔热层分项工程的施工质量验收。

2. 保温与隔热工程各分项工程每个检验批的抽检数量，应按屋面面积每100m² 抽查1处，每处应为10m²，且不得少于3处。

8.3.1　板状材料保温层

1. 板状材料保温层表面平整度的允许偏差为5mm。

检验方法：2m 靠尺和塞尺检查。

2. 板状材料保温层接缝高低差的允许偏差为2mm。

检验方法：直尺和塞尺检查。

8.3.2　喷涂硬泡聚氨酯保温层

喷涂硬泡聚氨酯保温层表面平整度的允许偏差为5mm。

检验方法：2m 靠尺和塞尺检查。

8.3.3　现浇泡沫混凝土保温层

现浇泡沫混凝土保温层表面平整度的允许偏差为5mm。

检验方法：2m 靠尺和塞尺检查。

8.3.4　种植隔热层

种植土应铺设平整、均匀，其厚度的允许偏差

为 ±5% , 且不得大于 30mm。

　　检验方法：尺量检查。

8.3.5　架空隔热层

　　架空隔热制品接缝高低差的允许偏差为 3mm。

　　检验方法：直尺和塞尺检查。

8.3.6　蓄水隔热层

　　蓄水池结构的允许偏差和检验方法应符合表 8-2 的规定。

蓄水池结构的允许偏差和检验方法　表 8-2

项　目	允许偏差（mm）	检验方法
长度、宽度	+15, -10	尺量检查
厚度	±5	
表面平整度	5	2m 靠尺和塞尺检查
排水坡度	符合设计要求	坡度尺检查

8.4　防水与密封工程

　　1. 适用于卷材防水层、涂膜防水层、复合防水层和接缝密封防水等分项工程的施工质量验收。

2. 防水与密封工程各分项工程每个检验批的抽检数量,防水层应按屋面面积每 100m² 抽查一处,每处应为 10m²,且不得少于 3 处;接缝密封防水应按每 50m 抽查一处,每处应为 5m,且不得少于 3 处。

8.4.1 卷材防水层

卷材防水层的铺贴方向应正确,卷材搭接宽度的允许偏差为 −10mm。

检验方法:观察和尺量检查。

8.4.2 涂膜防水层

铺贴胎体增强材料应平整顺直,搭接尺寸应准确,应排除气泡,并应与涂料粘结牢固;胎体增强材料搭接宽度的允许偏差为 −10mm。

检验方法:观察和尺量检查。

8.4.3 接缝密封防水

接缝宽度和密封材料的嵌填深度应符合设计要求,接缝宽度的允许偏差为 ±10%。

检验方法:观察和尺量。

8.5　瓦面与板面工程

1. 适用于烧结瓦、混凝土瓦、沥青瓦和金属板、玻璃采光顶铺装等分项工程的施工质量验收。

2. 瓦面与板面工程各分项工程每个检验批的抽查数量，应按屋面面积每100m² 抽查一处，每处应为10m²，且不得少于3处。

8.5.1　烧结瓦和混凝土瓦铺装

烧结瓦和混凝土瓦铺装的有关尺寸，应符合下列规定：

（1）瓦屋面檐口挑出墙面的长度不宜小于300mm；

（2）脊瓦在两坡面瓦上的搭盖宽度，每边不应小于40mm；

（3）脊瓦下端距坡面瓦的高度不宜大于80mm；

（4）瓦头伸入檐沟、天沟内的长度宜为50mm～70mm；

（5）金属檐沟、天沟伸入瓦内的宽度不应小于150mm；

（6）瓦头挑出檐口的长度宜为 50mm～70mm；

（7）突出屋面结构的侧面瓦伸入泛水的宽度不应小于 50mm。

检验方法：尺量。

8.5.2 沥青瓦铺装

沥青瓦铺装的有关尺寸应符合下列规定：

（1）脊瓦在两坡面瓦上的搭盖宽度，每边不应小于 150mm；

（2）脊瓦与脊瓦的压盖面不应小于脊瓦面积的 1/2；

（3）沥青瓦挑出檐口的长度宜为 10mm～20mm；

（4）金属泛水板与沥青瓦的搭盖宽度不应小于 100mm；

（5）金属泛水板与突出屋面墙体的搭接高度不应小于 250mm；

（6）金属滴水板伸入沥青瓦下的宽度不应小于 80mm。

检验方法：尺量。

8.5.3 金属板铺装

1. 金属板屋面铺装的有关尺寸应符合下列规定：

（1）金属板檐口挑出墙面的长度不应小于200mm；

（2）金属板伸入檐沟、天沟内的长度不应小于100mm；

（3）金属泛水板与突出屋面墙体的搭接高度不应小于250mm；

（4）金属泛水板、变形缝盖板与金属板的搭接宽度不应小于200mm；

（5）金属屋脊盖板在两坡面金属板上的搭盖宽度不应小于250mm。

检验方法：尺量。

2. 金属板材铺装的允许偏差和检验方法，应符合表8-3的规定。

金属板铺装的允许偏差和检验方法   表8-3

项 目	允许偏差（mm）	检验方法
檐口与屋脊的平行度	15	拉线和尺量检查
金属板对屋脊的垂直度	单坡长度的1/800，且不大于25	
金属板咬缝的平整度	10	
檐口相邻两板的端部错位	6	
金属板铺装的有关尺寸	符合设计要求	尺量检查

8.5.4 玻璃采光顶铺装

1. 明框玻璃采光顶铺装的允许偏差和检验方法，应符合表8-4的规定。

明框玻璃采光顶铺装的允许偏差和检验方法

表8-4

项 目		允许偏差（mm）		检验方法
		铝构件	钢构件	
通长构件水平度（纵向或横向）	构件长度≤30m	10	15	水准仪检查
	构件长度≤60m	15	20	
	构件长度≤90m	20	25	
	构件长度≤150m	25	30	
	构件长度＞150m	30	35	
单一构件直线度（纵向或横向）	构件长度≤2m	2	3	拉线和尺量检查
	构件长度＞2m	3	4	
相邻构件平面高低差		1	2	直尺和塞尺检查
通长构件直线度（纵向或横向）	构件长度≤35m	5	7	经纬仪检查
	构件长度＞35m	7	9	
分格框对角线差	对角线长度≤2m	3	4	尺量检查
	对角线长度＞2m	3.5	5	

2. 隐框玻璃采光顶铺装的允许偏差和检验方法，应符合表 8-5 的规定。

隐框玻璃采光顶铺装的允许偏差和检验方法

表 8-5

项　目		允许偏差（mm）	检验方法
通长接缝水平度（纵向或横向）	接缝长度≤30m	10	水准仪检查
	接缝长度≤60m	15	
	接缝长度≤90m	20	
	接缝长度≤150m	25	
	接缝长度>150m	30	
相邻板块的平面高低差		1	直尺和塞尺检查
相邻板块的接缝直线度		2.5	拉线和尺量检查
通长接缝直线度（纵向或横向）	接缝长度≤35m	5	经纬仪检查
	接缝长度>35m	7	
玻璃间接缝宽度（与设计尺寸比）		2	尺量检查

3. 点支承玻璃采光顶铺装的允许偏差和检验方法，应符合表 8-6 的规定。

点支承玻璃采光顶铺装的允许偏差和检验方法

表 8-6

项 目		允许偏差（mm）	检验方法
通长接缝水平度（纵向或横向）	接缝长度≤30m	10	水准仪检查
	接缝长度≤60m	15	
	接缝长度>60m	20	
相邻板块的平面高低差		1	直尺和塞尺检查
相邻板块的接缝直线度		2.5	拉线和尺量检查
通长接缝直线度（纵向或横向）	接缝长度≤35m	5	经纬仪检查
	接缝长度>35m	7	
玻璃间接缝宽度（与设计尺寸比）		2	尺量检查

9 地下防水工程

9.1 主体结构防水工程

9.1.1 防水混凝土

1. 混凝土拌制和浇筑过程控制应符合下列规定：

（1）拌制混凝土所用材料的品种、规格和用量，每工作班检查不应少于两次。每盘混凝土组成材料计量结果的允许偏差应符合表 9-1 的规定。

混凝土组成材料计量结果的允许偏差（%）

表 9-1

混凝土组成材料	每盘计量	累计计量
水泥、掺合料	±2	±1
粗、细骨料	±3	±2
水、外加剂	±2	±1

注：累计计量仅适用于微机控制计量的搅拌站。

（2）混凝土在浇筑地点的坍落度，每工作班至少检查两次, 坍落度试验应符合现行国家标准《普通混凝土拌合物性能试验方法标准》GB/T 50080 的有关规定。混凝土坍落度允许偏差应符合表 9-2 的规定。

混凝土坍落度允许偏差 (mm) 表 9-2

规定坍落度	允许偏差
≤40	±10
50~90	±15
>90	±20

（3）泵送混凝土在交货地点的入泵坍落度, 每工作班至少检查两次。混凝土入泵时的坍落度允许偏差应符合表 9-3 的规定。

混凝土入泵时的坍落度允许偏差 (mm) 表 9-3

所需坍落度	允许偏差
≤100	±20
>100	±30

2. 防水混凝土分项工程检验批的抽样检验数量,

应按混凝土外露面积每100m² 抽查1处，每处10m²，且不得少于3处。

3. 防水混凝土结构厚度不应小于250mm，其允许偏差应为 +8mm、 -5mm；主体结构迎水面钢筋保护层厚度不应小于50mm，其允许偏差应为 ±5mm。

检验方法：尺量检查和检查隐蔽工程验收记录。

9.1.2　水泥砂浆防水层

1. 水泥砂浆防水层分项工程检验批的抽样检验数量，应按施工面积每100m² 抽查1处，每处10m²，且不得少于3处。

2. 水泥砂浆防水层的平均厚度应符合设计要求，最小厚度不得小于设计厚度的85%。

检验方法：用针测法检查。

3. 水泥砂浆防水层表面平整度的允许偏差应为5mm。

检验方法：用2m靠尺和楔形塞尺检查。

9.1.3　卷材防水层

1. 防水卷材的搭接宽度应符合表9-4的要求。铺贴双层卷材时，上下两层和相邻两幅卷材的接缝应错开1/3 ~ 1/2 幅宽，且两层卷材不得相互垂直铺贴。

防水卷材的搭接宽度 表 9-4

卷材品种	搭接宽度（mm）
弹性体改性沥青防水卷材	100
改性沥青聚乙烯胎防水卷材	100
自粘聚合物改性沥青防水卷材	80
三元乙丙橡胶防水卷材	100/60（胶粘剂/胶粘带）
聚氯乙烯防水卷材	60/80（单焊缝/双焊缝）
	100（胶粘剂）
聚乙烯丙纶复合防水卷材	100（粘结料）
高分子自粘胶膜防水卷材	70/80（自粘胶/胶粘带）

2. 采用外防外贴法铺贴卷材防水层时，立面卷材接槎的搭接宽度，高聚物改性沥青类卷材应为 150mm，合成高分子类卷材应为 100mm，且上层卷材应盖过下层卷材。

检验方法：观察和尺量检查。

3. 卷材搭接宽度的允许偏差应为 -10mm。

检验方法：观察和尺量检查。

4. 卷材防水层分项工程检验批的抽样检验数量，应按铺贴面积每 100m² 抽查 1 处，每处 10m²，且不得少于 3 处。

9.1.4　涂料防水层

1. 涂料防水层的施工应符合下列规定：

（1）多组分涂料应按配合比准确计量，搅拌均匀，并应根据有效时间确定每次配制的用量；

（2）涂料应分层涂刷或喷涂，涂层应均匀，涂刷应待前遍涂层干燥成膜后进行。每遍涂刷时应交替改变涂层的涂刷方向，同层涂膜的先后搭压宽度宜为 30mm～50mm；

（3）涂料防水层的甩槎处接槎宽度不应小于100mm，接涂前应将其甩槎表面处理干净；

（4）采用有机防水涂料时，基层阴阳角处应做成圆弧；在转角处、变形缝、施工缝、穿墙管等部位应增加胎体增强材料和增涂防水涂料，宽度不应小于 500mm；

（5）胎体增强材料的搭接宽度不应小于 100mm。上下两层和相邻两幅胎体的接缝应错开 1/3 幅宽，且上下两层胎体不得相互垂直铺贴。

2. 涂料防水层的平均厚度应符合设计要求，最小厚度不得小于设计厚度的 90%。

3. 涂料防水层分项工程检验批的抽样检验数量，应按涂层面积每100m² 抽查 1 处，每处 10m²，且不得少于 3 处。

9.1.5 塑料防水板防水层

1. 塑料防水板的铺设应符合下列规定：

（1）铺设塑料防水板前应先铺缓冲层，缓冲层应用暗钉圈固定在基面上；缓冲层搭接宽度不应小于50mm；铺设塑料防水板时，应边铺边用压焊机将塑料防水板与暗钉圈焊接；

（2）两幅塑料防水板的搭接宽度不应小于100mm，下部塑料防水板应压住上部塑料防水板。接缝焊接时，塑料防水板的搭接层数不得超过 3 层；

（3）塑料防水板的搭接缝应采用双焊缝，每条焊缝的有效宽度不应小于10mm；

（4）塑料防水板铺设时宜设置分区预埋注浆系统；

（5）分段设置塑料防水板防水层时，两端应采取封闭措施。

2. 塑料防水板搭接宽度的允许偏差应为 -10mm。

检验方法：尺量检查。

3. 塑料防水板防水层分项工程检验批的抽样检验数量，应按铺设面积每 $100m^2$ 抽查 1 处，每处 $10m^2$，且不得少于 3 处。焊缝检验应按焊缝条数抽查 5%，每条焊缝为 1 处，且不得少于 3 处。

9.1.6 膨润土防水材料

1. 膨润土防水材料应采用水泥钉和垫片固定；立面和斜面上的固定间距宜为 400mm ~ 500mm，平面上应在搭接缝处固定。

2. 膨润土防水材料的搭接宽度应大于 100mm；搭接部位的固定间距宜为 200mm ~ 300mm，固定点与搭接边缘的距离宜为 25mm ~ 30mm，搭接处应涂抹膨润土密封膏。平面搭接缝处可干撒膨润土颗粒，其用量宜为 0.3kg/m ~ 0.5kg/m。

3. 膨润土防水材料的收口部位应采用金属压条和水泥钉固定，并用膨润土密封膏覆盖。

4. 转角处和变形缝、施工缝、后浇带等部位均应设置宽度不小于 500mm 加强层，加强层应设置在防水层与结构外表面之间。穿墙管件部位宜采用膨润土橡胶止水带、膨润土密封膏进行加强处理。

5. 膨润土防水材料搭接宽度的允许偏差应为

－10mm。

检验方法：观察和尺量检查。

6. 膨润土防水材料防水层分项工程检验批的抽样检验数量，应按铺设面积每100m² 抽查 1 处，每处10m²，且不得少于 3 处。

9.2 特殊施工法结构防水工程

9.2.1 锚喷支护

1. 水泥和速凝剂称量允许偏差均为 ±2% ，砂、石称量允许偏差均为 ±3% ；

2. 喷层厚度有 60% 以上检查点不应小于设计厚度，最小厚度不得小于设计厚度的 50% ，且平均厚度不得小于设计厚度。

检验方法：用针探法或凿孔法检查。

3. 喷射混凝土表面平整度 D/L 不得大于 1/6。

检验方法：尺量检查。

4. 锚喷支护分项工程检验批的抽样检验数量，应按区间或小于区间断面的结构每20 延米抽查 1 处，车站每10 延米抽查 1 处，每处 10m² ，且不得少于 3 处。

9.2.2　地下连续墙

1. 地下连续墙应采用防水混凝土。胶凝材料用量不应小于 $400kg/m^3$，水胶比不得大于 0.55，坍落度不得小于 180mm。

2. 地下连续墙墙体表面平整度，临时支护墙体允许偏差应为 50mm，单一或复合墙体允许偏差应为 30mm。

检验方法：尺量检查。

3. 地下连续墙分项工程检验批的抽样检验数量，应按每连续 5 个槽段抽查 1 个槽段，且不得少于 3 个槽段。

9.2.3　盾构隧道

钢筋混凝土单块管片制作尺寸允许偏差应符合表 9-5 的规定。

单块管片制作尺寸允许偏差　　　　表 9-5

项　　目	允许偏差（mm）
宽度	±1
弧长、弦长	±1
厚度	+3，−1

10 建筑防腐蚀工程

10.1 基层处理

10.1.1 一般规定

基层处理工程的检查数量应符合下列规定：

（1）当混凝土基层为水平面时，基层处理面积小于或等于100m²，应抽查3处；当基层处理面积大于100m²时，每增加50m²，应多抽查1处，不足50m²时，按50m²计，每处测点不得少于3个。当混凝土基层为垂直面时，基层处理面积小于或等于50m²，应抽查3处；当基层处理面积大于50m²时，每增加30m²，应多抽查1处，不足30m²时，按30m²计，每处测点不得少于3个。

（2）当钢结构基层处理钢材重量小于或等于2t时，应抽查4处；当基层处理钢材重量大于2t时，每增加1t，应多抽查2处，不足1t时，按1t计，每处测点不得少于3个。当钢结构构造复杂、重量统计困难时，可按构件件数抽查 10%，但不得少于 3 件，每件应抽查 3 点。重要构件、难维修构件，按构件件数抽查 50%，每件测点不得少于 5 个。

(3) 木质结构基层应按构件件数抽查 10%，但不得少于 3 件，每件应抽查 3 点。重要构件、难维修构件，按构件件数抽查 50%，每件测点不得少于 5 个。

(4) 设备基础、沟、槽等节点部位的基层处理，应加倍检查。

10.1.2 混凝土基层

基层坡度应符合设计规定。其允许偏差应为坡长的 ±0.2%，最大偏差应小于 30mm。

检验方法：观察、仪器检查或泼水试验检查。

10.2 块材防腐蚀工程

1. 块材坡度的检验应符合 10.1.1 混凝土基层的规定。

检验方法：直尺和水平仪检查，并做泼水试验。

2. 块材面层相邻块材间高差和表面平整度应符合下列规定：

（1）块材面层相邻块材之间的高差，不应大于下列数值：

1）耐酸砖、耐酸耐温砖的面层应为1mm；

2）厚度小于或等于30mm的机械切割天然石材的面层应为2mm；

3）厚度大于30mm的人工加工或机械刨光天然石材的面层应为3mm。

（2）块材面层平整度，其允许空隙不应大于下列数值：

1）耐酸砖、耐酸耐温砖的面层应为4mm；

2）厚度小于或等于30mm的机械切割天然石材的面层应为4mm；

3）厚度大于30mm的人工加工或机械刨光天然石材的面层应为6mm。

检验方法：相邻块材高差采用尺量检查，表面平整度采用2m直尺和楔形尺检查。

10.3 水玻璃类防腐蚀工程

水玻璃胶泥、水玻璃砂浆铺砌块材面层相邻块材高差、表面坡度和平整度的检验应符合 10.2 块材防腐蚀工程中的规定。

10.4   树脂类防腐蚀工程

1. 玻璃钢防腐蚀楼、地面的坡度和表面平整度的检验应符合以下规定：

（1）见 10.1.1 混凝土基层。

（2）基层平整度应符合以下规定：

1）当防腐蚀层厚度 ≥5mm 时，允许空隙应 ≤4mm；

2）当防腐蚀层厚度 <5mm 时，允许空隙应 ≤2mm。

检验方法：采用 2m 直尺和楔形尺检查或仪器检查。

2. 采用树脂胶泥、树脂砂浆铺砌的块材面层和树脂胶泥灌缝的块材防腐蚀楼、地面的坡度、表面平整度和相邻块材之间高差的检验应符合 10.2 块材防腐蚀工程的规定。

3. 树脂稀胶泥、树脂砂浆、树脂玻璃鳞片胶泥整体面层的楼、地面的坡度和表面平整度的检验应符合 10.4 树脂类防腐蚀工程第 1 条的规定。

10.5　沥青类防腐蚀工程

1. 块材坡度、面层相邻块材间高差和表面平整度的检验应符合 10.2 块材防腐蚀工程的规定。

2. 碎石灌沥青垫层表面坡度，应符合 10.2 块材防腐蚀工程第 1 条的规定。

10.6　聚合物水泥砂浆防腐蚀工程

1. 聚合物水泥砂浆铺抹的整体面层坡度的检验应符合 10.2 块材防腐蚀工程第 1 条的规定。

2. 块材面层的坡度、表面平整度和面层相邻块材之间高差的检验应符合 10.2 块材防腐蚀工程第 1.2 条的规定。

11 建筑给水排水及采暖工程

11.1 室内给水系统安装

室内给水系统安装是指工作压力不大于 1.0MPa 的室内给水和消火栓系统管道安装。

11.1.1 给水管道及配件安装

给水管道和阀门安装的允许偏差和检验方法应符合表 11-1 的规定。

室内给水管道和阀门安装的允许偏差和
检验方法　　　　　　　　表 11-1

项次	项　　　目			允许偏差 (mm)	检验方法
1	水平管道纵横方向弯曲	钢　管	每米/全长 25m 以上	1/≤25	用水平尺、直尺、拉线和尺量检查
		塑料管复合管	每米/全长 25m 以上	1.5/≤25	
		铸铁管	每米/全长 25m 以上	2/≤25	
2	立管垂直度	钢　管	每米/5m 以上	3/≤8	吊线和尺量检查
		塑料管复合管	每米/5m 以上	2/≤8	
		铸铁管	每米/5m 以上	3/≤10	
3	成排管段和成排阀门	在同一平面上间距		3	尺量检查

螺翼式水表外壳距墙表面净距为 10～30mm；水表进水口中心标高按设计要求，允许偏差为 ±10mm。检验方法：观察和尺量检查。

11.1.2 室内消火栓系统安装

箱式消火栓的栓口中心距地面为 1.1m，允许偏差为 ±20mm；阀门中心距箱侧面为 140mm，距箱后内表面为 100mm，允许偏差为 ±5mm。消火栓箱体安装的垂直度允许偏差为 3mm。检验方法：观察和尺量检查。

11.1.3 给水设备安装

室内给水设备安装的允许偏差和检验方法应符合表 11-2 的规定。

室内给水设备安装的允许偏差和检验方法　表 11-2

项次	项	目		允许偏差（mm）	检验方法
1	静置设备	坐标		15	经纬仪或拉线、尺量
		标高		±5	用水准仪、拉线和尺量检查
		垂直度（每米）		5	吊线和尺量检查
2	离心式水泵	立式泵体垂直度（每米）		0.1	水平尺和塞尺检查
		卧式泵体水平度（每米）		0.1	水平尺和塞尺检查
		联轴器同心度	轴向倾斜（每米）	0.8	在联轴器互相垂直的四个位置上用水准仪、百分表或测微螺钉和塞尺检查
			径向位移	0.1	

管道及设备保温层的厚度和平整度的允许偏差和检验方法应符合表 11-3 的规定。

室内给水管道及设备保温的允许偏差和
检验方法

表 11-3

项次	项 目		允许偏差 （mm）	检验方法
1	厚　　度		$+0.1\delta$ -0.05δ	用钢针刺入
2	表 面 平整度	卷　　材	5	用 2m 靠尺和楔 形塞尺检查
		涂　　抹	10	

注：δ 为保温层厚度。

11.2　室内排水系统安装

室内排水系统安装是指室内排水管道、雨水管道安装。

11.2.1　排水管道及配件安装

室内排水管道安装的允许偏差和检验方法应符合表 11-4 的规定。

11.2.2　雨水管道及配件安装

雨水管道安装的允许偏差和检验方法应符合表 11-4 的规定（同室内排水管道安装）。

室内排水和雨水管道安装的允许偏差和
检验方法　　　　　　表 11-4

项次	项　目			允许偏差（mm）	检验方法
1	坐　标			15	
2	标　高			±15	
3	横管纵横方向弯曲	铸铁管	每1m	≤1	用水准仪（水平尺）、直尺、拉线和尺量检查
			全长（25m以上）	≤25	
		钢管	每1m	管径小于或等于100mm	1	
				管径大于100mm	1.5	
			全长（25m以上）	管径小于或等于100mm	≤25	
				管径大于100mm	≤38	
		塑料管	每1m	1.5	
			全长（25m以上）	≤38	
		钢筋混凝土管、混凝土管	每1m	3	
			全长（25m以上）	≤75	
4	立管垂直度	铸铁管	每1m	3	吊线和尺量检查
			全长（5m以上）	≤15	
		钢管	每1m	3	
			全长（5m以上）	≤10	
		塑料管	每1m	3	
			全长（5m以上）	≤15	

雨水钢管管道焊口允许偏差和检验方法应符合表 11-5 的规定。

雨水钢管管道焊口允许偏差和检验方法　　表 11-5

项次	项	目	允许偏差	检验方法
1	焊口平直度	管壁厚 10mm 以内	管壁厚 1/4	焊接检验尺和游标卡尺检查
2	焊缝加强面	高　度	+1mm	
		宽　度		
3	咬　边	深　度	小于 0.5mm	直尺检查
		长度　连续长度	25mm	
		总长度（两侧）	小于焊缝长度的 10%	

11.3　室内热水供应系统安装

室内热水供应系统安装是指工作压力不大于 1.0MPa，热水温度不超过 75℃ 的室内热水供应管道安装。

11.3.1　管道及配件安装

热水供应管道和阀门安装的允许偏差和检验方法应符合表 11-1 的规定（同给水管道和阀门安装）。

热水供应管道保温层的厚度和平整度的允许偏差和检验方法应符合表 11-3 的规定（同室内给水管道及设备保温层）。

11.3.2 辅助设备安装

热水供应辅助设备安装的允许偏差和检验方法应符合表 11-2 的规定（同室内给水设备安装的允许偏差和检验方法）。

板式直管太阳能热水器安装的允许偏差和检验方法应符合表 11-6 的规定。

太阳能热水器安装的允许偏差和检验方法　　表 11-6

项次	项　　　目	允许偏差	检验方法
1	标高：中心线距地面	±20mm	尺量
2	固定安装朝向最大偏移角	不大于 15°	分度仪检查

11.4　卫生器具安装

卫生器具安装是指室内污水盆、洗涤盆、洗脸（手）盆、盥洗槽、浴盆、淋浴器、大便器、小便器、小便槽、大便冲洗槽、妇女卫生盆、化验盆、

排水栓、地漏、加热器、煮沸消毒器和饮水器等卫
生器具安装。

11.4.1   卫生器具安装

卫生器具安装的允许偏差和检验方法应符合表
11-7 的规定。

卫生器具安装的允许偏差和
检验方法   表 11-7

项次	项 目		允许偏差（mm）	检 验 方 法
1	坐标	单独器具	10	拉线、吊线和尺量检查
		成排器具	5	
2	标高	单独器具	±15	
		成排器具	±10	
3	器具水平度		2	用水平尺和尺量检查
4	器具垂直度		3	吊线和尺量检查

11.4.2   卫生器具给水配件安装

卫生器具给水配件安装标高的允许偏差和检验
方法应符合表 11-8 的规定。

11.4.3   卫生器具排水管道安装

卫生器具排水管道安装的允许偏差和检验方法
应符合表 11-9 的规定。

卫生器具给水配件安装标高的允许偏差和检验方法

表 11-8

项次	项 目	允许偏差 (mm)	检验方法
1	大便器高、低水箱角阀及截止阀	±10	尺量检查
2	水嘴	±10	
3	淋浴器喷头下沿	±15	
4	浴盆软管淋浴器挂钩	±20	

卫生器具排水管道安装的允许偏差及检验方法

表 11-9

项次	项 目		允许偏差 (mm)	检验方法
1	横管弯曲度	每1m长	2	用水平尺量检查
		横管长度≤10m，全长	<8	
		横管长度>10m，全长	10	
2	卫生器具的排水管口及横支管的纵横坐标	单独器具	10	用尺量检查
		成排器具	5	
3	卫生器具的接口标高	单独器具	±10	用水平尺和尺量检查
		成排器具	±5	

11.5 室内采暖系统安装

室内采暖系统安装是指饱和蒸汽压力不大于

0.7MPa，热水温度不超过 130℃ 的室内采暖系统安装。

11.5.1   管道及配件安装

管道和设备保温层的允许偏差和检验方法应符合表 11-3 的规定（同室内给水管道及设备保温层）。

采暖管道安装的允许偏差和检验方法应符合表 11-10 的规定。

采暖管道安装的允许偏差和检验方法　　表 11-10

项次	项	目		允许偏差	检验方法
1	横管道纵、横方向弯曲（mm）	每 1m	管径≤100mm	1	用水平尺、直尺、拉线和尺量检查
			管径>100mm	1.5	
		全长（25m 以上）	管径≤100mm	≤13	
			管径>100mm	≤25	
2	立管垂直度（mm）	每 1m		2	吊线和尺量检查
		全长（5m 以上）		≤10	
3	弯管	椭圆率 $\dfrac{D_{max}-D_{min}}{D_{max}}$	管径≤100mm	10%	用外卡钳和尺量检查
			管径>100mm	8%	
		折皱不平度（mm）	管径≤100mm	4	
			管径>100mm	5	

注：D_{max}、D_{min} 分别为管子最大外径及最小外径。

11.5.2 辅助设备及散热器安装

散热器组对后的平直度允许偏差和检验方法应符合表 11-11 的规定。

组对后的散热器平直度允许偏差　　表 11-11

项次	散热器类型	片　数	允许偏差 （mm）	检验方法
1	长翼型	2~4	4	拉线和尺量
		5~7	6	
2	铸铁片式 钢制片式	3~15	4	
		16~25	6	

散热器安装的允许偏差和检验方法应符合表 11-12 的规定。

**散热器安装允许偏差和
检验方法　　表 11-12**

项次	项　　目	允许偏差 （mm）	检验方法
1	散热器背面与墙内表面距离	3	尺　量
2	与窗中心线或设计定位尺寸	20	尺　量
3	散热器垂直度	3	吊线和尺量

11.6　室外给水管网安装

室外给水管网安装是指民用建筑群（住宅小区）及厂区的室外给水管网安装。

11.6.1　给水管道安装

室外给水管道安装的允许偏差和检验方法应符合表 11-13 的规定。

室外给水管道安装的允许偏差和
检验方法　　　表 11-13

项次	项	目		允许偏差 (mm)	检验方法
1	坐标	铸铁管	埋地	100	拉线和 尺量检查
			敷设在沟槽内	50	
		钢管、塑料管、复合管	埋地	100	
			敷设在沟槽内或架空	40	
2	标高	铸铁管	埋地	±50	拉线和 尺量检查
			敷设在地沟内	±30	
		钢管、塑料管、复合管	埋地	±50	
			敷设在地沟内或架空	±30	
3	水平管纵横向弯曲	铸铁管	直段（25m 以上） 起点～终点	40	拉线和 尺量检查
		钢管、塑料管、复合管	直段（25m 以上） 起点～终点	30	

　　铸铁管承插捻口连接的环型间隙及其允许偏差应符合表11-14的规定。

铸铁管承插捻口连接的环型间隙　表11-14

管径（mm）	标准环型间隙（mm）	允许偏差（mm）
75～200	10	+3，-2
250～450	11	+4，-2
500	12	+4，-2

　　检验方法：尺量检查。

11.6.2　消防水泵接合器及室外消火栓安装

　　消防水泵接合器和室外消火栓的各项安装尺寸应符合设计要求，栓口安装高度允许偏差为±20mm。检验方法：尺量检查。

11.7　室外排水管网安装

　　室外排水管网安装是指民用建筑群（住宅小区）及厂区的室外排水管网安装。

11.7.1　排水管道安装

　　室外排水管道安装的允许偏差和检验方法应符合表11-15的规定。

室外排水管道安装的允许偏差和检验方法　　表 11-15

项次	项目		允许偏差（mm）	检验方法
1	坐标	埋 地	100	拉线尺量
		敷设在沟槽内	50	
2	标高	埋 地	±20	用水平仪、拉线和尺量
		敷设在沟槽内	±20	
3	水平管道纵横向弯曲	每5m长	10	拉线尺量
		全长（两井间）	30	

11.7.2　排水管沟及井池

排水检查井、化粪池的底板及进、出水管的标高，必须符合设计要求，其允许偏差为 ±15mm。检验方法：用水准仪及尺量检查。

11.8　室外供热管网安装

室外供热管网安装是指厂区及民用建筑群（住宅小区）的饱和蒸汽压力不大于 0.7MPa，热水温度不超过 130℃ 的室外供热管网安装。

室外供热管道安装的允许偏差和检验方法应符

合表 11-16 的规定。

室外供热管道安装的允许偏差和检验方法

表 11-16

项次	项	目		允许偏差	检验方法
1	坐标（mm）		敷设在沟槽内及架空	20	用水准仪（水平尺）、直尺、拉线
			埋地	50	
2	标高（mm）		敷设在沟槽内及架空	±10	尺量检查
			埋地	±15	
3	水平管道纵、横方向弯曲（mm）	每 1m	管径≤100mm	1	用水准仪（水平尺）、直尺、拉线和尺量检查
			管径>100mm	1.5	
		全长（25m 以上）	管径≤100mm	≤13	
			管径>100mm	≤25	
4	弯管	椭圆率 $\dfrac{D_{max} - D_{min}}{D_{max}}$	管径≤100mm	8%	用外卡钳和尺量检查
			管径>100mm	5%	
		折皱不平度（mm）	管径≤100mm	4	
			管径 125~200mm	5	
			管径 250~400mm	7	

室外供热管道焊口的允许偏差和检验方法应符合表 11-5 的规定（同雨水钢管管道焊口）。

室外供热管道保温层的厚度和平整度的允许偏

差和检验方法应符合表 11-3 的规定（同室内给水管
道及设备保温层）。

11.9 供热锅炉及辅助设备安装

供热锅炉及辅助设备安装是指建筑供热和生活热
水供应的额定工作压力不大于 1.25MPa、热水温度不
超过 130℃的整装蒸汽和热水锅炉及辅助设备安装。

11.9.1 锅炉安装

锅炉及辅助设备基础的允许偏差和检验方法应
符合表 11-17 的规定。

锅炉及辅助设备基础的允许偏差和
检验方法   表 11-17

项次	项 目	允许偏差（mm）	检验方法
1	基础坐标位置	20	经纬仪、拉线和尺量
2	基础各不同平面的标高	0，-20	水准仪、拉线和尺量
3	基础平面外形尺寸	20	尺量检查
4	凸台上平面尺寸	0，-20	
5	凹穴尺寸	+20，0	

续表

项次	项 目		允许偏差 (mm)	检验方法
6	基础上平面水平度	每 米	5	水平仪（水平尺）和楔形塞尺检查
		全 长	10	
7	竖向偏差	每 米	5	经纬仪或吊线和尺量
		全 高	10	
8	预埋地脚螺栓	标高（顶端）	+20, 0	水准仪、拉线和尺量
		中心距（根部）	2	
9	预留地脚螺栓孔	中心位置	10	尺量
		深 度	-20, 0	
		孔壁垂直度	10	吊线和尺量
10	预埋活动地脚螺栓锚板	中心位置	5	拉线和尺量
		标 高	+20, 0	
		水平度（带槽锚板）	5	水平尺和楔形塞尺检查
		水平度（带螺纹孔锚板）	2	

管道焊口尺寸的允许偏差和检验方法应符合表 11-5 的规定（同雨水钢管管道焊口）。

锅炉安装的允许偏差和检验方法应符合表 11-18 的规定。

组装链条炉排安装的允许偏差和检验方法应符合表 11-19 的规定。

锅炉安装的允许偏差和检验方法   表 11-18

项次	项目		允许偏差 （mm）	检验方法
1	坐标		10	经纬仪、拉线和尺量
2	标高		±5	水准仪、拉线和尺量
3	中心线 垂直度	卧式锅炉炉体全高	3	吊线和尺量
		立式锅炉炉体全高	4	吊线和尺量

组装链条炉排安装的允许偏差和
检验方法   表 11-19

项次	项目		允许偏差 （mm）	检验方法
1	炉排中心位置		2	经纬仪、拉线 和尺量
2	墙板的标高		±5	水准仪、拉线 和尺量
3	墙板的垂直度，全高		3	吊线和尺量
4	墙板间两对角线的长度之差		5	钢丝线和尺量
5	墙板框的纵向位置		5	经纬仪、拉线 和尺量
6	墙板顶面的纵向水平度		长度 1/1000， 且≤5	拉线、水平尺 和尺量
7	墙板间的距离	跨距≤2m	+3 0	钢丝线和尺量
		跨距＞2m	+5 0	

续表

项次	项　　目	允许偏差（mm）	检验方法
8	两墙板的顶面在同一水平面上相对高差	5	水准仪、吊线和尺量
9	前轴、后轴的水平度	长度 1/1000	拉线、水平尺和尺量
10	前轴和后轴和轴心线相对标高差	5	水准仪、吊线和尺量
11	各轨道在同一水平面上的相对高差	5	水准仪、吊线和尺量
12	相邻两轨道间的距离	±2	钢丝线和尺量

往复炉排安装的允许偏差和检验方法应符合表 11-20 的规定。

往复炉排安装的允许偏差和检验方法　　　表 11-20

项次	项　　目		允许偏差（mm）	检验方法
1	两侧板的相对标高		3	水准仪、吊线和尺量
2	两侧板间距离	跨距≤2m	+3 0	钢丝线和尺量
		跨距>2m	+4 0	
3	两侧板的垂直度，全高		3	吊线和尺量
4	两侧板间对角线的长度之差		5	钢丝线和尺量
5	炉排片的纵向间隙		1	钢板尺量
6	炉排两侧的间隙		2	

铸铁省煤器支承架安装的允许偏差和检验方法应符合表 11-21 的规定。

铸铁省煤器支承架安装的允许偏差和
检验方法   表 11-21

项次	项 目	允许偏差 （mm）	检验方法
1	支承架的位置	3	经纬仪、拉线和尺量
2	支承架的标高	$\begin{matrix}0\\-5\end{matrix}$	水准仪、吊线和尺量
3	支承架的纵、横向水平度（每米）	1	水平尺和塞尺检查

11.9.2   辅助设备及管道安装

辅助设备基础的允许偏差和检验方法见表11-17。

管道焊接质量应符合表 11-5 的规定（同钢管管道焊口）。

锅炉辅助设备安装的允许偏差和检验方法应符合表 11-22 的规定。

连接锅炉及辅助设备的工艺管道安装的允许偏差和检验方法应符合表 11-23 的规定。

锅炉辅助设备安装的允许偏差和检验方法 表 11-22

项次	项 目		允许偏差（mm）	检 验 方 法
1	送、引风机	坐 标	10	经纬仪、拉线和尺量
		标 高	±5	水准仪、拉线和尺量
2	各种静置设备（各种容器、箱、罐等）	坐 标	15	经纬仪、拉线和尺量
		标 高	±5	水准仪、拉线和尺量
		垂直度（1m）	2	吊线和尺量
3	离心式水泵	泵体水平度（1m）	0.1	水平尺和塞尺检查
		联轴器同心度 轴向倾斜（1m）	0.8	水准仪、百分表（测微螺钉）和塞尺检查
		联轴器同心度 径向位移	0.1	

工艺管道安装的允许偏差和检验方法 表 11-23

项次	项 目		允许偏差（mm）	检验方法
1	坐 标	架 空	15	水准仪、拉线和尺量
		地 沟	10	
2	标 高	架 空	±15	水准仪、拉线和尺量
		地 沟	±10	
3	水平管道纵、横方向弯曲	DN≤100mm	2‰，最大 50	直尺和拉线检查
		DN>100mm	3‰，最大 70	
4	立管垂直		2‰，最大 15	吊线和尺量
5	成排管道间距		3	直尺尺量
6	交叉管的外壁或绝热层间距		10	

单斗式提升机安装：导轨的间距偏差不大于2mm；垂直式导轨的垂直度偏差不大于1‰；倾斜式导轨的倾斜度偏差不大于2‰；料斗吊点与料斗垂心重合度偏差不大于10mm。检验方法：吊线坠、拉线及尺量检查。

管道及设备保温层的厚度和平整度的允许偏差和检验方法应符合表11-3的规定。

11.9.3　换热站安装

换热站内设备安装的允许偏差和检验方法应符合表11-22的规定（同锅炉辅助设备安装的允许偏差和检验方法）。

换热站内管道安装的允许偏差和检验方法应符合表11-23的规定（同工艺管道安装的允许偏差和检验方法）。

管道及设备保温层的厚度和平整度的允许偏差和检验方法应符合表11-3的规定（同室内给水管道及设备保温的允许偏差和检验方法）。

12 通风与空调工程

12.1 风管制作

12.1.1 金属风管

金属风管外径或外边长的允许偏差：当小于或等于300mm时为2mm；当大于300mm时为3mm。管口平面度的允许偏差为2mm，矩形风管两条对角线长度之差不应大于3mm；圆形法兰任意正交两直径之差不应大于2mm。

检查数量：通风与空调工程按制作数量10%抽查，不得少于5件；净化空调工程按制作数量抽查20%，不得少于5件。

检验方法：查验测试记录，进行装配试验，尺量、观察检查。

12.1.2 硬聚氯乙烯管

硬聚氯乙烯管外径或外边长的允许偏差为2mm。

检查数量：按风管总数抽查10%，法兰数抽查

5%，不得少于 5 件。

　　检验方法：尺量、观察检查。

12.1.3　玻璃钢风管

　　有机玻璃钢风管外径或外边长尺寸的允许偏差为 3mm，圆形风管的任意正交两直径之差不应大于 5mm；矩形风管的两对角线之差不应大于 5mm。法兰与风管轴线成直角，管口平面度的允许偏差为 3mm；螺孔的排列应均匀，至管壁的距离应一致，允许偏差为 2mm。

　　检查数量：按风管总数抽查 10%，法兰数抽查 5%，不得少于 5 件。

　　检验方法：尺量、观察检查。

　　无机玻璃钢风管的外形尺寸的允许偏差应符合表 12-1 的规定。

　　检查数量：按风管总数抽查 10%，法兰数抽查 5%，不得少于 5 件。

　　检验方法：尺量、观察检查。

12.1.4　双面铝箔绝热板风管

　　板材与专用连接构件，连接后板面平面度的允许偏差为 5mm；风管采用法兰连接时，法兰平面度的允许偏差为 2mm。

检查数量：按风管总数抽查 10%，法兰数抽查 5%，不得少于 5 件。

检验方法：尺量，观察检查。

无机玻璃钢风管外形尺寸允许偏差（mm）

表 12-1

直径或大边长	矩形风管外表平面度	矩形风管管口对角线之差	法兰平面度	圆形风管两直径之差
≤300	≤3	≤3	≤2	≤3
301~500	≤3	≤4	≤2	≤3
501~1000	≤4	≤5	≤2	≤4
1001~1500	≤4	≤6	≤3	≤5
1501~2000	≤5	≤7	≤3	≤5
>2000	≤6	≤8	≤3	≤5

12.2　风管部件与消声器制作

风口尺寸允许偏差值应符合表 12-2 的规定。

检查数量：按类别、批分别抽查 5%，不得少于 1 个。

检验方法：尺量、观察检查，核对材料合格的证明文件与手动操作检查。

风口尺寸允许偏差   表 12-2

项次	项	目	允许偏差（mm）
1	圆形风口直径	≤250mm >250mm	0 ~ -2 0 ~ -3
2	矩形风口边长	<300mm 300 ~ 800mm >800mm	0 ~ -1 0 ~ -2 0 ~ -3
3	对角线长度之差	<300mm 300 ~ 500mm >500mm	≤1 ≤2 ≤3

12.3 风管系统安装

12.3.1 风管安装

明装风管水平安装，水平度的允许偏差为 3/1000，总偏差不应大于 20mm。明装风管垂直安装，垂直度的允许偏差为 2/1000，总偏差不应大于 20mm。

检查数量：按数量抽查 10%，但不得少于 1 个系统。

检验方法：尺量，观察检查。

12.3.2 风口安装

明装无吊顶的风口，安装位置和标高偏差不应大于 10mm。风口水平安装，水平度的偏差不应大于 3/1000。风口垂直安装，垂直度的偏差不应大于 2/1000。

检查数量：按数量抽查 10%，不得少于 1 个系统或不少于 5 件和 2 个房间的风口。

检验方法：尺量、观察检查。

12.4 通风与空调设备安装

12.4.1 通风机安装

通风机安装的允许偏差应符合表 12-3 的规定。现场组装的轴流风机叶片安装水平度允许偏差为 1/1000。

检查数量：按总数抽查 20%，不得少于 1 台。

12.4.2 除尘设备安装

除尘器安装的允许偏差和检验方法应符合表 12-4 的规定。

检查数量：按总数抽查 20%，不得少于 1 台。

通风机安装的允许偏差和检验方法　　表 12-3

项次	项　　目		允许偏差	检验方法
1	中心线的平面位移		10mm	经纬仪或拉线和尺量检查
2	标　　高		±10mm	水准仪或水平仪、直尺、拉线和尺量检查
3	皮带轮轮宽中心平面偏移		1mm	在主、从动皮带轮端面拉线和尺量检查
4	传动轴水平度		纵向 0.2/1000 横向 0.3/1000	在轴或皮带轮 0° 和 180° 的两个位置上，用水平仪检查
5	联轴器	两轴芯径向位移	0.05mm	在联轴器互相垂直的四个位置上，用百分表检查
		两轴线倾斜	0.2/1000	

除尘器安装允许偏差和检验方法　　表 12-4

项次	项　　目		允许偏差（mm）	检验方法
1	平面位移		≤10	用经纬仪或拉线，尺量检查
2	标　　高		±10	用水准仪、直尺、拉线和尺量检查
3	垂直度	每米	≤2	吊线和尺量检查
		总偏差	≤10	

检查数量：按总数抽查 20%，不得少于 1 台。

现场组装的静电除尘器的安装，阳极板组合后的阳极排平面度允许偏差为5mm，其对角线允许偏差为10mm；阴极小框架组合后主平面的平面度允许偏差为5mm，其对角线允许偏差为10mm；阴极大框架的整体平面度允许偏差为15mm，整体对角线允许偏差为10mm；阳极板高度小于或等于7m的电除尘器，阴、阳极间距允许偏差为5mm，阳极板高度大于7m的电除尘器，阴、阳极间距允许偏差为10mm。

检查数量：按总数抽查20%，不得少于1组。

检验方法：尺量，观察检查及检查施工记录。

12.4.3 洁净室安装

洁净室地面平整度允许偏差为1/1000；墙板的垂直度允许偏差为2/1000；顶板水平度的允许偏差与每个单间的几何尺寸的允许偏差均为2/1000。

检查数量：按总数抽查20%，不得少于5处。

检验方法：尺量、观察检查及检查施工记录。

洁净层流罩安装的水平度允许偏差为1/1000，高度的允许偏差为±1mm。

检查数量：按总数抽查20%，且不得少于5件。

检验方法：尺量、观察检查及检查施工记录。

12.4.4 空气风幕机安装

空气风幕机安装的纵向垂直度和横向水平度的允许偏差均不应大于 2/1000。

检查数量：按总数 10% 的比例抽查，且不得少于 1 台。

检验方法：观察检查。

12.5 空调制冷系统安装

制冷设备与制冷附属设备的安装位置、标高的允许偏差应符合表 12-5 的规定。

制冷设备与制冷附属设备允许偏差和检验方法   表 12-5

项次	项　目	允许偏差（mm）	检 验 方 法
1	平面位移	10	经纬仪或拉线和尺量检查
2	标　高	±10	水准仪或经纬仪、拉线和尺量检查

整体安装的制冷机组，其机身纵、横向水平度的允许偏差为 1/1000。

制冷附属设备安装的水平度或垂直度的允许偏差为 1/1000。

燃油系统油泵和蓄冷系统载冷剂泵安装的纵、横水平度允许偏差为 1/1000，联轴器两轴芯轴向倾斜允许偏差为 0.2/1000，径向位移为 0.05mm。

检查数量：全数检查。

检验方法：在机座或指定的基准面上，用水平仪、水准仪等检测，尺量，观察检查。

12.6 空调水系统管道与设备安装

12.6.1 管道安装

钢制管道安装的允许偏差和检验方法应符合表 12-6 的规定。

管道安装的允许偏差和检验方法　　表 12-6

项次	项　目		允许偏差（mm）	检验方法
1	坐标	架空及地沟 室外	25	按系统检查管道的起点、终点、分支点和变向点及各点之间的直管
		架空及地沟 室内	15	
		埋　地	60	
2	标高	架空及地沟 室外	±20	用经纬仪、水准仪、液体连通器、水平仪、拉线和尺量检查
		架空及地沟 室内	±15	
		埋　地	±25	

续表

项次	项　目		允许偏差（mm）	检验方法
3	水平管道平直度	$DN \leqslant$ 100mm	$2L‰$，最大40	用直尺、拉线和尺量检查
		$DN >$ 100mm	$3L‰$，最大60	
4	立管垂直度		$5L‰$，最大25	用直尺、线锤、拉线和尺量检查
5	成排管段间距		15	用直尺尺量检查
6	成排管段或成排阀门在同一平面上		3	用直尺、拉线和尺量检查

注：L——管道的有效长度（mm）。

检查数量：按总数抽查10%，且不得少于5处。

沟槽式连接管道的沟槽及支、吊架的间距　表12-7

公称直径（mm）	沟槽深度（mm）	允许偏差（mm）	支、吊架的间距（m）	端面垂直度允许偏差（mm）
65~100	2.20	0~+0.3	3.5	1.0
125~150	2.20	0~+0.3	4.2	
200	2.50	0~+0.3	4.2	
225~250	2.50	0~+0.3	5.0	1.5
300	3.0	0~+0.5	5.0	

注：1. 连接管端面应平整光滑、无毛刺；沟槽过深，应作为废品，不得使用；
　　2. 支、吊架不得支承在连接头上，水平管的任意两个连接头之间必须有支、吊架。

沟槽式连接的钢塑复合管道安装，其沟槽深度及支、吊架间距的允许偏差应符合表 12-7 的规定。

检查数量：按总数抽查 10%，且不得少于 5 处。

检验方法：尺量、观察检查，查阅产品合格证明文件。

12.6.2 水泵及附属设备安装

水泵的平面位置和标高允许偏差为 ±10mm；整体安装的泵，纵向水平偏差不应大于 0.1/1000，横向水平偏差不应大于 0.2/1000；解体安装的泵，纵、横向安装水平偏差均不应大于 0.05/1000。水泵与电机采用联轴器连接时，联轴器两轴芯的允许偏差，轴向倾斜不应大于 0.2/1000，径向位移不应大于 0.05mm。

检查数量：全数检查。

检验方法：扳手试拧，观察检查，用水平仪和塞尺测量或查阅设备安装记录。

12.6.3 水箱、集水器、分水器、储冷罐等安装

水箱、集水器、分水器、储冷罐等设备安装平面位置允许偏差为 15mm，标高允许偏差为 ±5mm，垂直度允许偏差为 1/1000。

检查数量：全数检查。

检验方法：尺量、观察检查，旁站或查阅试验记录。

12.7   防腐与绝热

卷材或板材绝热材料层表面平整度允许偏差为 5mm；采用涂抹或其他方法绝热材料层表面平整度允许偏差为 10mm。

检查数量：管道按轴线长度抽查 10%；部件、阀门抽查 10%，且不得少于 2 个。

检验方法：观察检查、用钢丝刺入保温层、尺量。

12.8   系 统 调 试

单向流洁净系统的系统总风量调试结果与设计风量的允许偏差为 0～20%，室内各风口风量与设计风量的允许偏差为 15%。新风量与设计新风量的允许偏差为 10%。

　　单向流洁净系统的室内截面平均风速的允许偏差为 0 ~ 20%，且截面风速不均匀度不应大于 0.25。新风量与设计新风量的允许偏差为 10%。

　　检查数量：调试记录全数检查，测点抽查 5%，且不得少于 1 点。

　　通风工程系统各风口或吸风罩的风量与设计风量的允许偏差不应大于 15%。

　　空调工程水系统各空调机组的水流量的允许偏差为 20%。

　　检查数量：按系统总数抽查 10%，且不得少于 1 个系统。

　　检验方法：观察，查阅调试记录及用仪表测量检查。

13　建筑电气工程

13.1　架空线路及杆上电气设备安装

电杆坑、拉线坑的深度允许偏差，应不深于设计坑深 100mm，不浅于设计坑深 50mm。

检查数量：按坑总数抽查 10%，但不少于 5 个坑。

检验方法：用水准仪或拉线和尺量检查。

架空导线的弧垂值，允许偏差为设计弧垂值的 ±5%，水平排列的同档导线间弧垂值偏差为 ±50mm。

检查数量：不少于 5 档。

检验方法：尺量检查。

13.2　成套配电柜、控制柜（屏、台）和动力、照明配电箱（盘）安装

基础型钢安装允许偏差应符合表 13 - 1 的规定。

基础型钢安装允许偏差 表 13-1

项 目	允 许 偏 差	
	(mm/m)	(mm/全长)
不直度	1	5
水平度	1	5
不平行度	—	5

检查数量: 按柜 (盘) 安装不同类型各抽查 5 处。

检验方法: 拉线、尺量检查。

柜、屏、台、箱、盘安装的允许偏差和检验方法应符合表 13-2 的规定。

柜 (盘) 安装允许偏差和检验方法

表 13-2

项 目	允许偏差	检 验 方 法
安装垂直度	1.5‰	吊线、尺量检查
相互间接缝	≤2mm	塞尺检查
成列盘面	≤5mm	拉线、尺量检查

检查数量: 按柜 (盘) 安装不同类型各抽查 5 处。

照明配电箱 (盘) 安装垂直度允许偏差

为 1.5‰。

　　检查数量：抽查 5 台。

　　检验方法：吊线、尺量检查。

13.3   不间断电源安装

　　安放不间断电源的机架组装的水平度、垂直度允许偏差不应大于 1.5‰。

　　检查数量：抽查 5 个机架。

　　检验方法：吊线、拉线、尺量检查。

13.4   电缆桥架安装和桥架内电缆敷设

　　电缆桥架转弯处的弯曲半径，不小于桥架内电缆最小允许弯曲半径，电缆最小允许弯曲半径见表 13-3。

　　检查数量：电缆按不同类别各抽查 5 处。

　　检验方法：尺量检查。

电缆最小允许弯曲半径　　表13-3

电缆种类	最小允许弯曲半径
无铅包钢铠护套的橡皮绝缘电力电缆	10D
有钢铠护套的橡皮绝缘电力电缆	20D
聚氯乙烯绝缘电力电缆	10D
交联聚氯乙烯绝缘电力电缆	15D
多芯控制电缆	10D

注：D 为电缆外径。

13.5　电缆沟内和电缆
竖井内电缆敷设

电缆支架层间最小允许距离应符合表 13-4 的规定。

电缆支架层间最小允许距离　　表13-4

电缆种类	支架层间最小允许距离（mm）
控制电缆	120
10kV 及以下电力电缆	150~200

检查数量：支架按不同类型各抽查5段。

检验方法：拉线和尺量检查。

电缆在支架上敷设，转弯处的最小允许弯曲半径应符合表13-3的规定。

14 电梯工程

14.1 电力驱动的曳引式或
强制式电梯安装工程

14.1.1 土建交接检验

井道尺寸应和土建布置图所要求的一致，允许偏差应符合下列规定：

1. 当电梯行程高度小于等于30m时为0～+25mm；

2. 当电梯行程高度大于30m且小于等于60m时为0～+35mm；

3. 当电梯行程高度大于60m且小于等于90m时为0～+50mm；

4. 当电梯行程高度大于90m时，允许偏差应符合土建布置图要求。

检查数量：全数检查。

检验方法：尺量检查。

14.1.2 导轨

两列导轨顶面间的距离允许偏差为：轿厢导轨 0 ~ +2mm；对重导轨 0 ~ +3mm。

每列导轨工作面（包括侧面与顶面）与安装基准线每5m的偏差均不应大于下列数值：轿厢导轨和设有安全钳的对重（平衡重）导轨为0.6mm；不设安全钳的对重（平衡重）导轨为1.0mm。

检查数量：全数检查。

检验方法：吊线，尺量检查。

14.1.3 门系统

层门地坎至轿厢地坎之间的水平距离允许偏差为0 ~ +3mm。

检查数量：全数检查。

检验方法：尺量检查。

14.1.4 安全部件

轿厢、对重的缓冲器撞板中心与缓冲器中心的允许偏差不应大于20mm。

检查数量：全数检查。

检验方法：尺量检查。

14.1.5 悬挂装置、随行电缆、补偿装置

每根钢丝绳张力与平均值允许偏差不应大于5%。

检查数量：全数检查。

检验方法：测力器测量。

14.2 液压电梯安装工程

液压电梯安装工程中土建交换检验、导轨、门系统、安全部件的允许偏差、检查数量、检验方法同电力驱动的曳引式或强制式电梯安装工程。

如果有钢丝绳或链条，每根张力与平均值允许偏差不应大于5%。

检查数量：全数检查。

检验方法：测力器测量。

14.3 自动扶梯、自动人行道安装工程

14.3.1 土建交接检验

土建工程应按照土建布置图进行施工，其主要

尺寸允许偏差应为：提升高度 – 15 ~ + 15mm；跨度 0 ~ + 15mm。

检查数量：全数检查。

检验方法：尺量检查。

14.3.2　整机安装验收

在额定频率和额定电压下，梯段、踏板或胶带沿运行方向空载时的速度与额定速度之间的允许偏差为 ± 5%。

扶手带的运行速度相对梯级、踏板或胶带的速度允许偏差为 0 ~ + 2%。

检查数量：全数检查。

检验方法：秒表、尺量检查。

15 建筑施工测量

15.1 工业与民用建筑施工测量

1. 建筑物施工放样、轴线投测和标高传递的偏差，不应超过表 15-1 的规定。

建筑物施工放样、轴线投测和标高传递的允许偏差

表 15-1

项 目	内 容		允许偏差（mm）
基础桩位放样	单排桩或群桩中的边桩		±10
	群桩		±20
各施工层上放线	外廊主轴线长度 L（m）	$L \leqslant 30$	±5
		$30 < L \leqslant 60$	±10
		$60 < L \leqslant 90$	±15
		$90 < L$	±20
	细部轴线		±2
	承重墙、梁、柱边线		±3
	非承重墙边线		±3
	门窗洞口线		±3

续表

项　目	内　容		允许偏差（mm）
轴线竖向投测	每　层		3
	总高 H（m）	$H \leqslant 30$	5
		$30 < H \leqslant 60$	10
		$60 < H \leqslant 90$	15
		$90 < H \leqslant 120$	20
		$120 < H \leqslant 150$	25
		$150 < H$	30
标高竖向传递	每　层		±3
	总高 H（m）	$H \leqslant 30$	±5
		$30 < H \leqslant 60$	±10
		$60 < H \leqslant 90$	±15
		$90 < H \leqslant 120$	±20
		$120 < H \leqslant 150$	±25
		$150 < H$	±30

2. 柱子、桁架和梁安装测量的偏差，不应超过表 15-2 的规定。

柱子、桁架和梁安装测量的允许偏差 表 15-2

测量内容		允许偏差（mm）
钢柱垫板标高		±2
钢柱 ±0 标高检查		±2
混凝土柱（预制）±0 标高检查		±3
柱子垂直度检查	钢柱牛腿	5
	柱高 10m 以内	10
	柱高 10m 以上	$H/1000$，且 ≤20
桁架和实腹梁、桁架和钢架的支承结点间相邻高差的偏差		±5
梁间距		±3
梁面垫板标高		±2

注：H 为柱子高度（mm）。

3. 构件预装测量的偏差，不应超过表 15-3 的规定。

构件预装测量的允许偏差 表 15-3

测量内容	测量的允许偏差（mm）
平台面抄平	±1
纵横中心线的正交度	$±0.8\sqrt{l}$
预装过程中的抄平工作	±2

注：l 为自交点起算的横向中心线长度的米数。长度不足 5m 时，以 5m 计。

4. 附属构筑物安装测量的偏差，不应超过表 15 - 4 的规定。

附属构筑物安装测量的允许偏差   表 15 - 4

测量项目	测量的允许偏差（mm）
栈桥和斜桥中心线的投点	±2
轨面的标高	±2
轨道跨距的丈量	±2
管道构件中心线的定位	±5
管道标高的测量	±5
管道垂直度的测量	$H/1000$

注：H 为管道垂直部分的长度（mm）。

5. 设备安装测量的主要技术要求，应符合下列规定：

（1）设备基础竣工中心线必须进行复测，两次测量的较差不应大于 5mm。

（2）对于埋设有中心标板的重要设备基础，其中心线应由竣工中心线引测，同一中心标点的偏差不应超过 ±1mm。纵横中心线应进行正交度的检查，并调整横向中心线。同一设备基准中心线的平行偏差或同一生产系统的中心线的直线度应在 ±1mm 以内。

（3）每组设备基础，均应设立临时标高控制点。标高控制点的精度，对于一般的设备基础，其标高偏差，应在±2mm以内；对于与传动装置有联系的设备基础，其相邻两标高控制点的标高偏差，应在±1mm以内。

15.2 高层建筑混凝土结构施工测量

1. 应根据建筑平面控制网向混凝土底板垫层上投测建筑物外廓轴线，经闭合校测合格后，再放出细部轴线及有关边界线。基础外廓轴线允许偏差应符合表15-5的规定。

基础外廓轴线尺寸允许偏差 表15-5

长度 L、宽度 B（m）	允许偏差（mm）
L（B）≤30	±5
30＜L（B）≤60	±10
60＜L（B）≤90	±15
90＜L（B）≤120	±20
120＜L（B）≤150	±25
L（B）＞150	±30

2. 高层建筑结构施工可采用内控法或外控法进行轴线竖向投测。首层放线验收后，应根据测量方案设置内控点或将控制轴线引测至结构外立面上，并作为各施工层主轴线竖向投测的基准。轴线的竖向投测，应以建筑物轴线控制桩为测站。竖向投测的允许偏差应符合表 15-6 的规定。

轴线竖向投测允许偏差　　　　表 15-6

项　目	允许偏差（mm）	
每　层	3	
总高 H（m）	$H \leqslant 30$	5
	$30 < H \leqslant 60$	10
	$60 < H \leqslant 90$	15
	$90 < H \leqslant 120$	20
	$120 < H \leqslant 150$	25
	$H > 150$	30

3. 控制轴线投测至施工层后，应进行闭合校验。控制轴线应包括：

（1）建筑物外轮廓轴线；

（2）伸缩缝、沉降缝两侧轴线；

（3）电梯间、楼梯间两侧轴线；

（4）单元、施工流水段分界轴线。

施工层放线时，应先在结构平面上校核投测轴线，再测设细部轴线和墙、柱、梁、门窗洞口等边线，放线的允许偏差应符合表 15-7 的规定。

施工层放线允许偏差 表 15-7

项	目	允许偏差（mm）
外廓主轴线长度 *L*（m）	$L \leqslant 30$	±5
	$30 < L \leqslant 60$	±10
	$60 < L \leqslant 90$	±15
	$L > 90$	±20
细部轴线		±2
承重墙、梁、柱边线		±3
非承重墙边线		±3
门窗洞口线		±3

4. 场地标高控制网应根据复核后的水准点或已知标高点引测，引测标高宜采用附合测法，其闭合差不应超过 $\pm 6 \sqrt{n}$ mm（*n* 为测站数）或 $\pm 20 \sqrt{L}$ mm

（L 为测线长度，以千米为单位）。

5. 标高的竖向传递，应从首层起始标高线竖直量取，且每栋建筑应由三处分别向上传递。当三个点的标高差值小于 3mm 时，应取其平均值；否则应重新引测。标高的允许偏差应符合表 15-8 的规定。

标高竖向传递允许偏差　　表 15-8

项　　目		允许偏差（mm）
每　层		±3
总高 H（m）	H≤30	±5
	30<H≤60	±10
	60<H≤90	±15
	90<H≤120	±20
	120<H≤150	±25
	H>150	±30

16 脚手架工程

16.1 建筑施工竹脚手架工程

竹脚手架搭设的技术要求、允许偏差与检验方法应符合表 16-1 的规定。

竹脚手架搭设的技术要求、允许偏差与检验方法

表 16-1

项次	项目		技术要求	允许偏差 Δ（mm）	示意图	检查方法与工具
1	地基基础	表面	坚实平整	—	—	观察
		排水	不积水			
		垫板	不松动			
2	各杆件小头有效直径	纵向、横向水平杆	≥90mm	0	—	卡尺或钢尺
		搁栅、栏杆	≥60mm		—	
		其他杆件	≥75mm			

项次	项　目		技术要求	允许偏差 Δ（mm）	示　意　图	检查方法与工具
3	杆件弯曲	端部弯曲 L≤1.5m	≤20mm	0		钢尺
		顶撑	≤20mm			
		其他杆件	≤50mm	0		
4	立杆垂直度	搭设中检查偏差的高度	不得朝外倾斜，当高度为： H＝10m H＝15m H＝20m H＝24m	25 50 75 100		用经纬仪或吊线和钢尺
		最后验收垂直度	不得朝外倾斜	100		
5	顶撑	直径	与水平杆直径相匹配	与水平杆直径相差不大于顶撑的1/3	—	钢尺
6	间距	步距 纵距 横距	—	±20 ±50 ±20	—	钢尺

续表

项次	项　目		技术要求	允许偏差 Δ (mm)	示　意　图	检查方法与工具
7	纵向水平杆高差	一根杆的两端	—	±20		水平仪或水平尺
		同跨内两根纵向水平杆	—	±10		
		同一排纵向水平杆	—	不大于架体纵向长度的1/300或200mm	—	
8	横向水平杆外伸长度偏差	出外侧立杆	≥200mm	0	—	钢尺
		伸向墙面	≤450mm	0		
9	杆件搭接长度	纵向水平杆	≥1.5m	0	—	钢尺
		其他杆件	≥1.2m	0		
10	斜道防滑条	外观	不松动	—	—	观察
		间距	300mm	±30	—	钢尺

续表

项次	项　目		技术要求	允许偏差 Δ（mm）	示　意　图	检查方法与工具
11	连墙件	设置间距	二步三跨或三步二跨	—		观察
		离主节点距离	≤300mm	0		钢尺

注：1—立杆；2—纵向水平杆。

16.2　建筑施工扣件式钢管脚手架工程

1. 构配件允许偏差应符合表 16-2 的规定。

构配件允许偏差　　　　表 16-2

序号	项　目	允许偏差 Δ（mm）	示　意　图	检查工具
1	焊接钢管尺寸（mm） 外径 48.3 壁厚 3.6	±0.5 ±0.36		游标卡尺
2	钢管两端面切斜偏差	1.70		塞尺、拐角尺

续表

序号	项 目	允许偏差 Δ (mm)	示意图	检查工具
3	钢管外表面锈蚀深度	≤0.18		游标卡尺
4	钢管弯曲 ①各种杆件钢管的端部弯曲 $l \leq 1.5\text{m}$	≤5		钢板尺
	②立杆钢管弯曲 $3\text{m} < l \leq 4\text{m}$ $4\text{m} < l \leq 6.5\text{m}$	≤12 ≤20		
	③水平杆、斜杆的钢管弯曲 $l \leq 6.5\text{m}$	≤30		
5	冲压钢脚手板 ①板面挠曲 $l \leq 4\text{m}$ $l > 4\text{m}$	≤12 ≤16		钢板尺
	②板面扭曲 (任一角翘起)	≤5		
6	可调托撑支托板变形	1.0		钢板尺、塞尺

2. 脚手架搭设的技术要求、允许偏差与检验方法，应符合表16-3的规定。

脚手架搭设的技术要求、允许偏差与检验方法

表16-3

项次	项 目		技术要求	允许偏差 Δ (mm)	示 意 图	检查方法与工具
1	地基基础	表面	坚实平整	—	—	观察
		排水	不积水			
		垫板	不晃动			
		底座	不滑动			
			不沉降	-10		
2	单、双排与满堂脚手架立杆垂直度		最后验收立杆垂直度(20~50)m	—	±100		用经纬仪或吊线和卷尺

下列脚手架允许水平偏差 (mm)

搭设中检查偏差的高度 (m)	总高度		
	50m	40m	20m
H = 2	±7	±7	±7
H = 10	±20	±25	±50
H = 20	±40	±50	±100
H = 30	±60	±75	
H = 40	±80	±100	
H = 50	±100		

中间档次用插入法

续表

项次	项 目	技术要求	允许偏差 Δ（mm）	示 意 图	检查方法与工具
3	满堂支撑架立杆垂直度	最后验收垂直度30m	—	±90		用经纬仪或吊线和卷尺

下列满堂支撑架允许水平偏差（mm）

搭设中检查偏差的高度（m）	总高度
	30m
$H=2$	±7
$H=10$	±30
$H=20$	±60
$H=30$	±90

中间档次用插入法

项次	项 目	技术要求	允许偏差 Δ（mm）	示 意 图	检查方法与工具
4	单双排、满堂脚手架间距	步距 纵距 横距	— — —	±20 ±50 ±20	—	钢板尺
5	满堂支撑架间距	步距 立杆间距	— —	±20 ±30	—	钢板尺
6	纵向水平杆高差	一根杆的两端	—	±20		水平仪或水平尺

续表

项次	项目		技术要求	允许偏差 Δ（mm）	示意图	检查方法与工具
6	纵向水平杆高差	同跨内两根纵向水平杆高差	—	±10		水平仪或水平尺
7	剪刀撑斜杆与地面的倾角		45°~60°		—	角尺
8	脚手板外伸长度	对接	a=(130~150)mm l≤300mm	—		卷尺
		搭接	a≥100mm l≥200mm	—		卷尺
9	扣件安装	主节点处各扣件中心点相互距离	a≤150mm	—		钢板尺
		同步立杆上两个相隔对接扣件的高差	a≥500mm	—		钢卷尺
		立杆上的对接扣件至主节点的距离	a≤h/3	—		

续表

项次	项目		技术要求	允许偏差 Δ（mm）	示意图	检查方法与工具
9	扣件安装	纵向水平杆上的对接扣件至主节点的距离	$a \leqslant l_a/3$	—		钢卷尺
		扣件螺栓拧紧扭力矩	$(40 \sim 65)$ N·m	—		扭力扳手

注：图中 1—立杆；2—纵向水平杆；3—横向水平杆；4—剪刀撑。

3. 高度在 24m 以上的双排、满堂脚手架，其立杆的沉降与垂直度的偏差应符合表 16-3 项次 1、2 的规定；高度在 20m 以上的满堂支撑架，其立杆的沉降与垂直度的偏差应符合表 16-3 项次 1、3 的规定。

4. 安装后的扣件螺栓拧紧扭力矩应采用扭力扳手检查，抽样方法应按随机分布原则进行。抽样检查数目与质量判定标准，应按表 16-4 的规定确定。不合格的应重新拧紧至合格。

扣件拧紧抽样检查数目及质量判定标准

表 16-4

项次	检 查 项 目	安装扣件数量（个）	抽检数量（个）	允许的不合格数量（个）
1	连接立杆与纵（横）向水平杆或剪刀撑的扣件；接长立杆、纵向水平杆或剪刀撑的扣件	51～90	5	0
		91～150	8	1
		151～280	13	1
		281～500	20	2
		501～1200	32	3
		1201～3200	50	5
2	连接横向水平杆与纵向水平杆的扣件（非主节点处）	51～90	5	1
		91～150	8	2
		151～280	13	3
		281～500	20	5
		501～1200	32	7
		1201～3200	50	10

16.3　建筑施工碗扣式钢管脚手架工程

主要构配件制作质量及形位公差要求，见表 16-5。

主要构配件制作质量及形位公差要求　表16-5

名称	检查项目	公称尺寸 (mm)	允许偏差 (mm)	检测量具	图示
立杆	长度 (L)	900	±0.70	钢卷尺	
		1200	±0.85		
		1800	±1.15		
		2400	±1.40		
		3000	±1.65		
	碗扣节点间距	600	±0.50	钢卷尺	
	下碗扣与定位销下端间距	114	±1	游标卡尺	
	杆件直线度	—	1.5L/1000	专用量具	
	杆件端面对轴线垂直度	—	0.3	角尺（端面150mm范围内）	
	下碗扣内圆锥与立杆同轴度	—	φ0.5	专用量具	
	下碗扣与立杆焊缝高度	4	±0.50	焊接检验尺	
	下套管与立杆焊缝高度	4	±0.50	焊接检验尺	

续表

名称	检查项目	公称尺寸 (mm)	允许偏差 (mm)	检测量具	图示
横杆	长度 (L)	300	±0.40	钢卷尺	
		600	±0.50		
		900	±0.70		
		1200	±0.80		
		1500	±0.95		
		1800	±1.15		
		2400	±1.40		
	横杆两接头弧面平行度	—	≤1.00	—	
	横杆接头与杆件焊缝高度	4	±0.50	焊接检验尺	

$\phi 48 \times 3.5^{+0.25}_{-0}$

续表

名称	检查项目	公称尺寸（mm）	允许偏差（mm）	检测量具	图　示
上碗扣	螺旋面高端	φ53	+1.0 0	深度游标卡尺	
	螺旋面低端	φ40	0 -1.0		
	上碗扣内圆锥大端直径	φ67	+0.8 -0.6	游标卡尺	
	上碗扣内圆锥大端圆度	φ67	0.35	游标卡尺	
	内圆锥底圆孔圆度	φ50	0.30	游标卡尺	
	内圆锥与底圆孔同轴度	—	φ0.5	杠杆百分表	

续表

名称	检查项目	公称尺寸 (mm)	允许偏差 (mm)	检测量具	图示
下碗扣	高度（H）	28（铸造件） 25（冲压件）	+0.8 +0.1	深度游标卡尺	
	底圆柱孔直径	φ49.5	±0.25	游标卡尺	
	内圆锥大端直径	φ69.4	+0.5 −0.2	游标卡尺	
	内圆锥大端圆度	φ69.4	0.25	游标卡尺	
	内圆锥与底圆孔同轴度	—	φ0.5	芯棒、塞尺	
横杆接头	高度	20（18）	±0.50	游标卡尺	
	与立杆贴合曲面圆度	φ48	+0.5 0	—	

16.4 建筑施工门式钢管脚手架工程

门式脚手架与模板支架搭设的技术要求、允许偏差及检验方法，应符合表 16-6 的规定。

门式脚手架与模板支架搭设技术要求、
允许偏差及检验方法　　　表 16-6

项次	项　目		技术要求	允许偏差（mm）	检验方法
1	隐蔽工程	地基承载力	符合本规范 5.6.1 条、5.6.3 条的规定*	—	观察、施工记录检查
		预埋件	符合设计要求	—	
2	地基与基础	表面	坚实平整	—	观察
		排水	不积水		
		垫板	稳固		
		底座	不晃动	—	钢直尺检查
			无沉降		
			调节螺杆高度符合本规范的规定	≤200	
		纵向轴线位置	—	±20	尺量检查
		横向轴线位置	—	±10	

项次	项目		技术要求	允许偏差（mm）	检验方法
3	架体构造		符合本规范及专项施工方案的要求	—	观察尺量检查
4	门架安装	门架立杆与底座轴线偏差	—	≤2.0	尺量检查
		上下榀门架立杆轴线偏差	—		
5	垂直度	每步架		$h/500$、±3.0	经纬仪或线坠、钢直尺检查
		整体		$H/500$、±50.0	
6	水平度	一跨距内两榀门架高差		±5.0	水准仪水平尺钢直尺检查
		整体		±100	
7	连墙件	与架体、建筑结构连接	牢固	—	观察、扭矩测力扳手检查
		纵、横向间距	—	±300	尺量检查
		与门架横杆距离	—	≤200	
8	剪刀撑	间距	按设计要求设置	±300	尺量检查
		与地面的倾角	45°~60°	—	角尺、尺量检查

续表

项次	项目		技术要求	允许偏差（mm）	检验方法
9	水平加固杆		按设计要求设置	—	观察、尺量检查
10	脚手板		铺设严密、牢固	孔洞≤25	观察、尺量检查
11	悬挑支撑结构	型钢规格	符合设计要求	—	观察、尺量检查
		安装位置		±3.0	
12	施工层防护栏杆、挡脚板		按设计要求设置	—	观察、手扳检查
13	安全网		按规定设置	—	观察
14	扣件拧紧力矩		40N·m～65N·m	—	扭矩测力扳手检查

注：h—步距；H—脚手架高度。
* —建筑施工门式钢管脚手架安全技术规范（JGJ128—2010、备案号 J43—2010）

16.5 建筑施工承插型盘扣式钢管支架

建筑施工承插型盘扣式钢管支架主要构配件制作质量及形位公差要求，见表16-7。

主要构配件的制作质量及形位公差要求

表 16-7

构配件名称	检查项目	公称尺寸（mm）	允许偏差（mm）	检测量具
立杆	长度	—	±0.7	钢卷尺
	连接盘间距	500	±0.5	钢卷尺
	杆件直线度	—	$L/1000$	专用量具
	杆端面对轴线垂直度	—	0.3	角尺
	连接盘与立杆同轴度	—	0.3	专用量具
水平杆	长度	—	±0.5	钢卷尺
	扣接头平行度	—	≤1.0	专用量具
水平斜杆	长度	—	±0.5	钢卷尺
	扣接头平行度	—	≤1.0	专用量具
竖向斜杆	两端螺栓孔间距	—	≤1.5	钢卷尺
可调托座	托板厚度	5	±0.2	游标卡尺
	加劲片厚度	4	±0.2	游标卡尺
	丝杆外径	$\phi48$，$\phi38$	±2	游标卡尺
可调托座	底板厚度	5	±0.2	游标卡尺
	丝杆外径	$\phi48$，$\phi38$	±2	游标卡尺
挂扣式钢脚手板	挂钩圆心间距	—	±2	钢卷尺
	宽度	—	±3	钢卷尺
	高度	—	±2	钢卷尺

续表

构配件名称	检查项目	公称尺寸（mm）	允许偏差（mm）	检测量具
挂扣式钢梯	挂钩圆心间距	—	±2	钢卷尺
	梯段宽度	—	±3	钢卷尺
	踏步高度	—	±2	钢卷尺
挡脚板	长度	—	±2	钢卷尺
	宽度	—	±2	钢卷尺

参 考 资 料

1. 建筑地基基础工程施工质量验收规范（GB 50202—2002）
2. 砌体结构工程施工质量验收规范（GB 50203—2011）
3. 混凝土结构工程施工质量验收规范（GB 50204—2002）
   （2011 年版）
4. 钢结构工程施工质量验收规范（GB 50205—2001）
5. 木结构工程施工质量验收规范（GB 50206—2012）
6. 建筑装饰装修工程施工质量验收规范（GB 50210—2001）
7. 建筑地面工程施工质量验收规范（GB 50209—2010）
8. 屋面工程质量验收规范（GB 50207—2012）
9. 地下防水工程质量验收规范（GB 50208—2011）
10. 建筑防腐蚀工程施工质量验收规范（GB 50224—2010）
11. 建筑给水排水及采暖工程施工质量验收规范（GB 50242—2002）
12. 通风与空调工程施工质量验收规范（GB 50243—2002）
13. 建筑电气工程施工质量验收规范（GB 50303—2002）
14. 电梯工程施工质量验收规范（GB 50310—2002）
15. 工程测量规范（GB 50026—2007）
16. 高层建筑混凝土结构技术规程（JGJ 3—2010、备案号 J 186—2010）

17. 建筑施工竹脚手架安全技术规范（JGJ 254—2011、备案号 J 1336—2011）

18. 建筑施工扣件式钢管脚手架安全技术规范（JGJ 130—2011、备案号 J 84—2011）

19. 建筑施工碗扣式钢管脚手架安全技术规范（JGJ 166—2008）

20. 建筑施工门式钢管脚手架安全技术规范（JGJ 128—2010、备案号 J 43—2010）

21. 建筑施工承插型盘扣式钢管支架（JGJ 231—2010、备案号 J 1128—2010）

22. 建筑桩基技术规范（JGJ 94—2008）

23. 建筑基坑支护技术规程（JGJ 120—2012、备案号 J 1412—2012）

24. 组合钢模板技术规范（GB 50214—2001）

25. 清水混凝土应用技术规程（JGJ 169—2009）

26. 钢筋焊接及验收规程（JGJ 18—2003）

27. 混凝土结构用钢筋间隔件应用技术规程（JGJ/T 219—2010、备案号 J 1139—2010）

28. 钢筋机械连接技术规程（JGJ 107—2010、备案号 J 986—2010）

29. 钢管混凝土工程施工质量验收规范（GB 50628—2010）